DIE

DRAHTLOSE TELEGRAPHIE

AUF GRUND

EIGNER PRAKTISCHER ERFAHRUNGEN

VON

DR. PHIL. GUSTAV EICHHORN

MIT ZAHLREICHEN FIGUREN.

VERLAG VON VEIT & COMP. IN LEIPZIG

1904

Druck von Fischer & Wittig in Leipzig.

Meiner lieben Mutter

gewidmet

Vorwort

Das vorliegende Buch ist entstanden aus dem Wunsche, das reiche Material persönlicher Erfahrungen einem allgemeingebildeten Leserkreis zugänglich zu machen, dem es in leicht faßlichen Darstellungen ein lebendiges und einheitliches Bild geben will von den Grundlagen und der Arbeitsmethode der modernen drahtlosen Telegraphie vermittels elektrischer Wellen.

Meine speziellen Studien auf dem interessanten Gebiete der elektrischen Schwingungen, auf deren Benutzung eine solche Möglichkeit, drahtlos zu telegraphieren, basiert, brachten mich in Kontakt mit der ehemaligen Gesellschaft für drahtlose Telegraphie, System Professor Braun, und Siemens & Halske in Berlin, von welcher ich schließlich im Sommer 1902 die ehrenvolle Mission erhielt, den bekannten Badeort Saßnitz am schönen Ostseestrande auf Rügen mit der ca. 170 Kilometer entfernten Ostseestation Groß-Möllen bei Köslin in sichere drahtlose Kommunikation zu bringen. Nach Überwindung vieler unvorhergesehenen äusseren Hindernisse nahmen die eigentlichen Arbeiten einen befriedigenden Fortgang, so daß bald die völlige Lösung dieser Aufgabe gemeldet werden konnte. Meine Arbeiten wurden mir sehr erleichtert durch die unermüdliche und opferfreudige Unterstützung seitens meiner Gehilfen, besonders des Mechanikers MAX ECK, der durch eine selten feinfühlige und sachkundige Behandlung der Apparate viel zu der erzielten fast absoluten Betriebssicherheit beitrug. Bei Abschluß dieser Versuche war bis zu einem gewissen Grade auch schon eine „Abstimmung“ vorhanden, die uns von einer Interferenz mit anderen Stationen teilweise schützte. Das Studium dieses letzteren Problems wurde dann aber Gegenstand spezieller Untersuchungen und Versuche, welche ich nunmehr gemeinsam in Angriff nahm mit Dr. L. MANDELSTAM aus Odessa, einem Assistenten von Professor BRAUN. Ihm bin ich zu großem Danke verbunden, und die Zeit harmonischer angestrengtester Tätigkeit, mit welcher wir jetzt auf das neue Ziel losgingen, haftet um so fester in der Erinnerung, als unsere Bemühungen schließlich zu Resultaten führten, welche bisher von niemandem erzielt waren.

Um noch die in der Presse häufig tangierte Systemfrage zu berühren, so sei bemerkt, daß solche in Wirklichkeit gar nicht besteht. Professor BRAUN in Straßburg wird heute nicht nur in Fachkreisen, sondern in der ganzen vorurteilslosen gebildeten Welt die Priorität zuerkannt für die Anwendung und Ausgestaltung brauchbarer wissenschaftlicher Prinzipien, nach welchen die moderne drahtlose Telegraphie jetzt überall ausgeübt wird. Seine klaren Anschauungen und von Anfang an zielbewußten

Arbeiten bildeten geradezu das treibende Element, welches die enorme Entwicklung der letzten Jahre und so die sich gewaltig ausdehnende praktische Anwendung erst ermöglicht hat. Es liegt in der wissenschaftlichen Natur der von BRAUN verwendeten und fruchtbar gewordenen Prinzipien, daß sie einheitlich bleiben mußten, trotzdem von den praktischen Dispositionen das Äußere und einzelne Bestandteile unter verschiedenen Händen sich verschiedenartig ausbildeten. — So stehen heute alle Pioniere der drahtlosen Telegraphie, trotz ihrer großen selbständigen Verdienste, auf der von Professor BRAUN neugeschaffenen Basis ädaquater Prinzipien. Dies gilt sowohl für das SLABY-ARCO-System wie vor allem auch für das heutige System von MARCONI, der vor Jahren zuerst die Kühnheit hatte, eine zarte von Gelehrten entdeckte und sorgsam gepflegte Blume in die rauhe Wirklichkeit zu versetzen, für deren Erhaltung er sich nach Kräften mühte, bis ein berufenerer Gärtner die Methode fand, sie zu veredeln und zu kraftvoller gesunder Entwicklung zu bringen, damit sie sich den neuen rauheren Lebensumständen anpassen konnte.

Das frühere zweite deutsche System SLABY-ARCO ist inzwischen mit dem System BRAUN auch äußerlich verschmolzen und die neue vereinigte Gesellschaft für drahtlose Telegraphie mit dem allerdings sehr wenig charakteristischen Wappen „System Telefunken" entfaltet eine intensive Tätigkeit, um dem bereits enormen Bedarf, welcher noch ständig wächst, gerecht werden zu können.

Nach vorstehend Gesagtem kann die Einführung in das interessante Gebiet nur eine allgemeingültige und objektiv sachliche sein, und wenn ich meine persönlichen Arbeiten den größeren Raum in den Ausführungen einnehmen ließ, so geschah es, neben dem Wunsche, dem Leser keinen unnötigen Ballast aus nur scheinbar differenten Dingen aufzubürden, hauptsächlich aus zwei Gründen. Erstens sollte die Beschreibung und Erörterung interner Momente neues Interesse an der Ausgestaltung des Ganzen erwecken, und zweitens sollte der Leser, in medias res geführt, selbst beurteilen, inwieweit man die kristallklaren wissenschaftlichen Prinzipien von den Schlacken, welche sich ihnen bei der praktischen Verwendung anhefteten, bereits reinigte, und was man weiter für die Zukunft der drahtlosen Telegraphie erhoffen darf.

Ich erfülle schließlich noch eine angenehme Pflicht, der Gesellschaft „Telefunken" auch an dieser Stelle meinen Dank auszusprechen für überlassene Photographien, welche ich für dieses Buch benutzte.

Berlin, im Juni 1904.

Gustav Eichhorn

Inhalt

Erster Teil.

Zweiter Teil.

Dritter Teil.

ERSTER TEIL.

Erstes Kapitel.

Historischer Überblick.

Das vorige Jahrhundert war kurz vor seinem Abschluß noch Zeuge einer der gewaltigsten Taten menschlichen Vermögens auf wissenschaftlichem Gebiete, nämlich der klassischen Versuche unseres HEINRICH HERTZ über die Ausbreitung elektrischer Kraft. Die alten morschen Theorien über unvermittelte Fernwirkungen von Kräften zerfielen in Trümmer und neues Leben, neue Anschauungen entstanden aus ihnen, welche auch dem natürlichen Geiste verständlich waren.

HERTZ folgte den Spuren, welche zwei geniale englische Forscher auf ihrer Bahn zurückgelassen hatten, des Physikers MICHAEL FARADAY und des Mathematikers CLERK MAXWELL, beide Männer von ungewöhnlicher Begabung und ihre Zeitgenossen weit überragend, beide getrieben von dem mächtigen Impuls des nach Wahrheit verlangenden Forschers, der instinktiv und wie durch Intuition getrieben neue Wege geht, um aus neuen Landen der erstaunten Mitwelt sein Schauen zu offenbaren. FARADAYS Geist von ursprünglicher Natürlichkeit mußte mit Unzufriedenheit, ja mit Unmut erfüllt werden von der damaligen Vorstellung, die durch Gewohnheit und Methode gefestigt war, daß Kräfte in die Ferne wirken sollten unvermittelt, ohne nachweisbare Verbindung zwischen den aufeinander wirkenden Körpern. Nur durch das Hinzutreten eines zweiten Körpers wären also Kräfte erst in die Existenz getreten, und zwischen den Körpern sollte nichts vorgehen, das auf einen Übertragungsmechanismus schließen ließ. Eine solche Anschauung war ein Unding für FARADAYS Denkungsweise, deren Operationen den charakteristischen Stempel der logischen Schlüsse eines scharfsinnigen Mathematikers tragen, trotzdem ihm Zeit seines Lebens die Benutzung mathematischer Symbole fremd, ja unsympathisch war.

FARADAY entfachte so aufs neue die Diskussion eines fundamentalen Problems, über welches man sich damals kaum noch den Kopf zerbrach, so wenig, daß man seine Anschauungen und die Bedeutung daraus gezogener Konsequenzen gar nicht einmal verstand. Erst ein CLERK MAXWELL erfaßte die ganze Größe derselben; sie begeisterte ihn zu mathematischen Formulierungen, welche wie selbständige Gebilde teilweise spontan zum Leben erstanden erscheinen und sich fruchtbar ausdehnten weit über das hinaus, was bewußte Absicht in den Keim hineinlegen konnte. So entstand jenes gewaltige Denkmal menschlichen Könnens, die elektromagnetische Lichttheorie. Ihr Grundgedanke sagt aus, daß elektrische und magnetische Kräfte nicht zeitlos den Raum überspringen, sondern sich wellenförmig ausbreiten, nicht mit beliebiger Geschwindigkeit, sondern mit der bekannten enormen Lichtgeschwindigkeit von 300 000 Kilometer in der Sekunde; ja, mehr noch, Strahlen des Lichts, strahlende Wärme und Strahlen elektrischer Kraft sind qualitativ durchaus gleichartig, denn sie beruhen sämtlich auf elektromagnetischen Oszillationen in dem alles durchdringenden Weltäther. Die Richtung der Strahlen ist die Fortpflanzungsrichtung der elektromagnetischen Energie und steht senkrecht auf den elektrischen und magnetischen Kräften, welche ihrerseits wieder zueinander normal gerichtet sind. Unser Auge vermittelt uns direkt die Wahrnehmung der ungeheuer schnellen Lichtschwingungen mit zugehörigen Wellenlängen von einigen zehntausendstel Millimeter; für die viel langsameren elektrischen Schwingungen mit Wellenlängen bis zu Hunderten und Tausenden von Metern fehlt uns ein Organ zur direkten Wahrnehmung. Ein klares und alle Phänomene einheitlich umfassendes Bild .... wenn es der Wirklichkeit entsprochen hätte. Doch grau ist alle Theorie, wenn ihr nicht erwiesene Tatsachen als Grundlage dienen und wenn sich nicht ihre Konsequenzen wieder an Tatsachen prüfen lassen. Der Beweis schien kaum zu erbringen, weil man glaubte, auf unwegsame indirekte Pfade angewiesen zu sein; man suchte z. B. die schwache Wärmewirkung, welche entstehen mußte, aus der Energie der schwachen elektrischen Ströme, die das Licht bei der Bestrahlung eines Leiters in diesem erregen sollte.

Hier setzen nun die Arbeiten von Professor HEINRICH HERTZ ein, der die ganz außergewöhnliche experimentelle Geschicklichkeit eines FARADAY mit der spezifisch mathematischen Begabung eines MAXWELL in sich vereinigte; seinem Genius war es vorbehalten, den bisher fehlenden Beweis glänzend zu erbringen, indem er zielbewußt seine Aufmerksamkeit auf direkte elektrische Wirkungen richtete.

Die Ergebnisse seiner berühmten Untersuchungen über die Ausbreitung elektrischer Kraft sind bekannt; indem HERTZ nach spezifisch elektrischen Methoden experimentierte, stand er dennoch auf dem festen Boden der hochentwickelten Optik, als er zeigte, daß auch die unsichtbaren Strahlen elektrischer Kraft allen bekannten optischen Gesetzen der Reflexion, Brechung, Beugung und Polarisation gehorchen, als er durch Ausbildung sogenannter stehender Wellen, welche durch Interferenz fortschreitender direkter und reflektierter Wellen zustande kommen, in dem beschränkten Raume eines Zimmers die enorme Fortpflanzungsgeschwindigkeit maß und sie in völliger Übereinstimmung mit der Lichtgeschwindigkeit fand.

Von einer Beschreibung der interessanten Versuche im einzelnen müssen wir absehen; für den Zweck dieses Buches kann es uns nur auf das Grundprinzip der HERTZschen Versuche ankommen, und solches soll an passender Stelle eingehend dargelegt werden.

Diese sensationellen Versuche, welche HERTZ am Ende des Jahres 1888 bekannt gab, erregten nicht nur in der wissenschaftlichen, sondern auch in der ganzen gebildeten Welt die lebhafteste Aufmerksamkeit.

Schon ein Jahr später regte sich dafür die praktische Spekulation, wie aus einer Anfrage hervorgeht, die HERTZ von dem Ingenieur HUBER in München erhielt, ob sich wohl durch Benutzung elektrischer Wellen ein Telephonverkehr ohne Drahtverbindung ermöglichen lasse. HERTZ beschränkte sich in seiner Antwort auf theoretische Überlegungen mit dem Hinweis, daß die Periodenzahl der Stromänderungen im Telephon zu klein sei gegenüber derjenigen elektrischer Schwingungen. Auch sonst bemerkt HERTZ nichts, was darauf hindeutete, daß er überhaupt eine praktische Verwendung der elektrischen Wellen etwa für die Zwecke einer Telegraphie für möglich halte. Das ist sehr leicht verständlich, wenn wir die Hilfsmittel betrachten, deren HERTZ sich zum Nachweis der Ausbreitung elektrischer Kräfte bediente. Ein sehr gewandter Physiker konnte damit wohl etwas Brauchbares im Laboratorium leisten, aber für die Zwecke der Praxis waren solche Methoden von vornherein aussichtslos; es fehlte, kurz gesagt, vor allem ein praktisch brauchbarer Indikator als registrierende Empfangsvorrichtung für elektrische Wellen.

Im Jahre 1890 wurde diesem Übelstand in ganz unerwarteter Weise abgeholfen durch eine Entdeckung des Franzosen BRANLY, welche zur Herstellung des sogenannten Kohärers führte, eines außerordentlich empfindlichen Indikators für elektrische Impulse, aber trotzdem ein verläßliches einfaches Instrument, das jeder Laie benutzen kann.

Daß nun dennoch weitere fünf Jahre verstreichen, ehe wir von einer versuchten praktischen Anwendung hören, will uns fast unverständlich erscheinen in unseren heutigen Tagen, wo sich auf eine neu auftauchende Sache, noch ehe sie ihren organischen Reifeprozeß vollendet hat, gleich Hunderte stürzen, um sie auch materiell auszubeuten.

Im Jahre 1895 berichtet endlich Professor POPOFF von der Militärakademie in Kronstadt über eine Vorrichtung, in welche er einen Kohärer eingeschaltet hatte, dem durch Verbindung mit einem Blitzableiter die Impulse luftelektrischer Entladungen zugeführt wurden, die die Vorrichtung nun automatisch registrierte.

Im Jahre 1896 beginnt GUILELMO MARCONI seine Versuche mit der bewußten Absicht, sie zu praktischen Zwecken einer „Telegraphie ohne Draht“ auszugestalten, zuerst auf dem Landgute seines Vaters bei Bologna, später in England mit tatkräftiger Unterstützung durch PREECE, dem verdienstvollen Chef des englischen Telegraphenwesens.

MARCONI hat auf diese Weise als erster tatsächlich über viele Kilometer drahtlos telegraphiert und man kann nicht genug seine außerordentliche technische Geschicklichkeit ebenso wie seinen eisernen Fleiß und die Energie bewundern, mit denen er die sich ihm entgegenstellenden Schwierigkeiten zu überwinden wußte. Anderseits ist es völlig verfehlt, MARCONI als den Erfinder der drahtlosen Telegraphie zu bezeichnen, wie es eine übertriebene Reklame hinausposaunt; er hat an den prinzipiellen Errungenschaften nicht das mindeste eigene Verdienst, stand vielmehr bei seinen Arbeiten vollständig auf dem sichern Boden der HERTZschen Versuche, über welche er bei Professor AUGUSTO RIGHI in Bologna Vorlesungen gehört hatte, der sich intensiv damit beschäftigte besonders in dem Sinne, möglichst kleine elektrische Wellen zu erzeugen.

Mit wachsenden Entfernungen, welche drahtlos überbrückt werden sollten, gelangte indes MARCONI sehr bald an Grenzen der Wirksamkeit an, ohne daß es zunächst offenkundig war, an welchen Ursachen dies lag.

Inzwischen war in Deutschland Professor FERDINAND BRAUN in praktische Versuche mit drahtloser Telegraphie hineingezogen worden und schon nach kurzer Zeit hatte er klar die Mängel und teilweise unrichtigen Voraussetzungen des ursprünglichen MARCONI-Systems erkannt.

Mit größter Präzision und Vollständigkeit beschrieb er dann, welche wissenschaftlichen Prinzipien in Rücksicht zu ziehen und wie solche in praxi zu verifizieren seien, wenn man auf wirklich brauchbare Resultate großen Stils rechnen wolle. Das Werk krönte den Meister und die bekannten enormen Erfolge der letzten Zeit sprechen eine beredtere Sprache, als es Worte auszudrücken vermöchten. Innerhalb der Grenzen, welche dem neuen Verkehrsmittel durch seine Natur auf seinem Arbeitsfeld gesetzt sind, erscheinen heute die Wege frei und geebnet.

Das ist in großen Umrissen die chronologische Darstellung des Lebensganges der modernen drahtlosen Telegraphie, die wir nun in ihren Prinzipien, ihren Einzelzügen fortschreitender Entwicklung und ihrer Arbeitsmethode näher betrachten wollen.

Zweites Kapitel.

Fortpflanzung von Wellen.

Werden in einem elastischen Medium periodische Erschütterungen erzeugt, so müssen solche sich wellenförmig ausbreiten und die Möglichkeit „drahtlos zu telegraphieren“ ist gegeben durch die Ausbreitung elektromagnetischer Wellen.

Der Sitz der letzteren ist nicht die Luft, sondern jenes unwägbare und für unsere Sinne nicht wahrnehmbare Etwas, das den Raum und alle Körper erfüllt; wir nennen es den „Äther“. Die vollständige Erkenntnis seiner Wesenheit erscheint als das letzte Ziel der Physik und die sich in letzter Zeit Schritt auf Schritt folgenden Entdeckungen, welche zur Bildung des Begriffs der Elektronen führten, d. h. des kleinsten Elementarquantums der Elektrizität, quasi eines Elektrizitätsatoms, scheinen auch dieses Problem der Lösung näher zu bringen. Das eine erscheint jedenfalls gewiß, daß die reale Existenz des Äthers, ohne dessen Annahme wir bei allen Strahlungsphänomenen vollständig im Dunkeln tappen, nicht mehr zweifelhaft ist.

Wenn auch die Elastizität des Athers, in welchem der komplizierte Mechanismus einer elektromagnetischen Schwingung sich ausbildet, von vollständig anderer Art ist als diejenige irgend eines greifbaren elastischen Körpers, so ist dennoch das Grundgesetz für die Fortpflanzung dasselbe wie bei allen Arten von Wellen und es ist deshalb statthaft, bekannte Analogien heranzuziehen.

Als naheliegend für einen Vergleich könnten die Schallschwingungen erscheinen und veranschaulicht Figur 1 den Vorgang einer fortschreitenden Schallwelle.

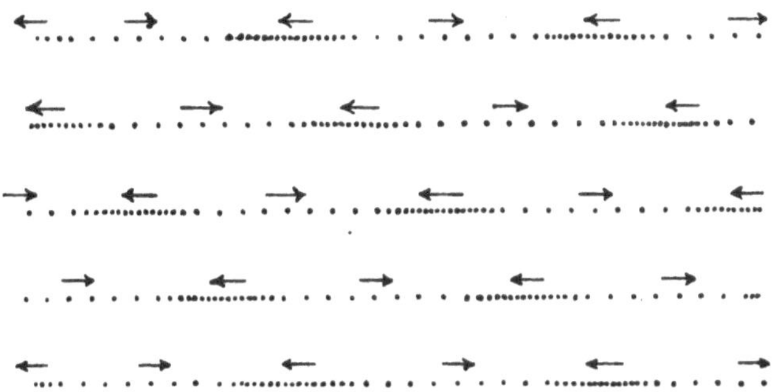

Fig. 1. Fortschreitende Longitudinalwelle (Schallwelle).

Die Punkte stellen Teilchen der Luft dar, die bekanntlich in diesem Falle der Sitz der Erscheinungen ist.

Die Schwingung ist hier eine sogenannte longitudinale, d. h. die Bewegung der Teilchen geschieht in der Richtung der Fortpflanzung der Energie, wobei sie sich bald einander nähern, bald voneinander entfernen müssen; die Substanz wird dadurch an einzelnen Stellen verdichtet, an anderen verdünnt und dies findet successive zu immer anderen Zeiten an allen Stellen der Fortpflanzungsrichtung statt; an entsprechenden Stellen herrscht eine periodisch wechselnde Bewegung, die einen periodisch wechselnden Druck im Gefolge hat.

Denken wir uns die sich bewegenden Teilchen um 90 Grad aus ihrer Ebene gedreht, so kommen wir zu einer anderen Art von Schwingung, welche möglich ist in elastischen Körpern, in denen alle Teilchen mit elastischen Kräften aufeinander wirken. Wir nennen solche eine Transversalschwingung und Figur 2 gibt uns ein Modell einer fortschreitenden Transversalwelle.

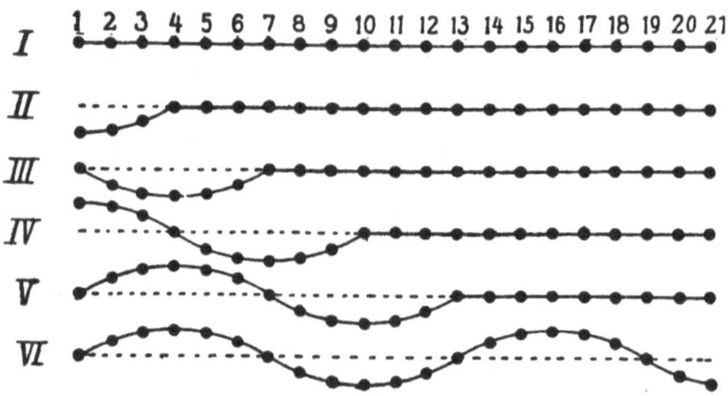

Fig. 2. Fortschreitende Transversalwelle.

Lage I bezeichnet die Ruhelage einer Anzahl kleinster Teilchen, welche jetzt alle miteinander in einem elastischen Zusammenhang stehen sollen.

Wird nun das erste Teilchen aus seiner normalen Lage verschoben und dann losgelassen, so vollführt es Schwingungen um seine Gleichgewichtslage; successive werden dann auch die folgenden Teilchen verschoben und zu gleichen Schwingungen angeregt. So pflanzt sich die periodische Störung in der Richtung der Verbindungslinie der Teilchen fort, während sich jedes Teilchen senkrecht dazu bewegt und das ist charakteristisch für eine transversale Schwingung.

Den Abstand zwischen Punkt 1 und 13 nennt man die Länge einer Welle, welche sich aus zwei symmetrischen Hälften, dem Wellenberg und Wellental, zusammensetzt.

Die Figur veranschaulicht nicht nur den Vorgang der Fortpflanzung, sondern läßt auch das erste wichtige Gesetz erkennen. In der Zeit T nämlich, während welcher ein Teilchen eine vollständige Schwingung nach unten und oben und wieder zurück bis zur Ruhelage ausführt, hat sich die Bewegung um eine ganz bestimmte Strecke fortgepflanzt, nämlich gerade um eine ganze Wellenlänge λ. In der Einheit der Zeit, d. h. in einer Sekunde, würde sich also die Bewegung fortgepflanzt haben um eine Strecke $\frac{\lambda}{T}$, und da der Weg in der Zeiteinheit die Fortpflanzungsgeschwindigkeit C bedeutet, so erhalten wir die einfache Beziehung:

$$\frac{\lambda}{T} = C \text{ oder } \lambda = C \cdot T \text{ oder } \lambda = \frac{C}{n}$$

wo n die Schwingungszahl bedeutet, d. h. die Anzahl der Schwingungen in einer Sekunde, was ja nichts anderes ist als der reziproke Wert von T.

Diese einfache Beziehung, welche immer gilt, ob sich die einzelnen Teilchen in der beschriebenen Weise oder etwa in Kreisen oder Ellipsen um ihre Gleichgewichtslage bewegen, gestattet also sofort die Wellenlänge zu berechnen, wenn die anderen beiden Größen bekannt sind.

Auf zwei Dinge ist ferner noch die Aufmerksamkeit zu ziehen. Zunächst sehen wir, daß die einzelnen Teilchen nur in kleinen Elongationen in geschlossenen Bahnen um ihre Gleichgewichtslage pendeln, aber sich selbst nicht mit der Bewegung entfernen; was sich fortpflanzt ist nur die Energie, und zwar verwandelt sich die Energie der elastischen Kräfte unaufhörlich in die Energie der Bewegung und umgekehrt; wir sprechen von einer permanenten Verwandlung potentieller in kinetische Energie.

Zweitens sehen wir, daß derselbe Vorgang sich abspielt an immer anderen Stellen, nur zu anderen Zeiten; wir sprechen von einer Verschiebung der Schwingungsphase und bezeichnen mit Phase den Teil des ganzen Weges, welchen ein Teilchen zu irgendeiner Zeit beschrieben hat, nachdem es zuletzt seine Gleichgewichtslage passierte.

Optische und elektrische Schwingungen sind nun in prinzipieller Beziehung von der Natur der Transversalschwingungen, und nach der früheren Auffassung in der Optik, daß der Äther sich wie ein festelastischer Körper verhalte, hätten wir eine ausreichende Beschreibung gemacht. Allein dem ist nicht so, und wenn auch die Gesetze ohne weiteres ihre Gültigkeit behalten, so ist doch der Mechanismus einer elektromagnetischen Schwingung ein völlig differenter gegenüber einer einfachen Transversalschwingung, und es erscheint unerläßlich, sich ein etwas vollständigeres Bild davon im Sinne der MAXWELLschen Theorie zu machen, soweit es durch eine

Beschreibung ohne Anwendung mathematischer Symbole möglich erscheint.

Seit FARADAY und MAXWELL ist es, wie schon erwähnt, als erwiesen zu betrachten, daß der Sitz der elektromagnetischen Phänomene der freie Weltäther ist, beziehungsweise der Äther in der groben Materie, durch deren Nähe er anscheinend modifiziert ist. Wir kennen im ganzen drei Kraftäußerungen des Äthers, die sich offenbaren in den Wirkungen der Schwerkraft, der elektrischen und der magnetischen Kraft.

Lassen wir die noch sehr geheimnisvolle Schwerkraft oder Gravitation hier beiseite, um unser Interesse ausschließlich den beiden anderen Phänomenen zuzuwenden, so erkennen wir, daß letztere unaufhörlich miteinander verknüpft, ja überhaupt nur Wirkungsäußerungen ein und desselben Mechanismus sind, der sich nicht zergliedern läßt. Fast könnte es überhaupt fraglich erscheinen, ob die Worte ‚elektrisch' und ‚magnetisch' als der sparsamste, einfachste, begriffliche Ausdruck der Tatsachen erscheinen oder ob sich nicht eine einzige, mehr ädaquate Bezeichnung finden ließe, welche den Mechanismus und seine Eigenschaften unmittelbar vor Augen führte.

Drittes Kapitel.

Das magnetische Feld.

Wir wenden unsere Aufmerksamkeit zunächst einer bekannten Erscheinung zu, die einen Zusammenhang zwischen magnetischen und elektrischen Kräften offenbart.

Es ist bekannt, daß ein elektrischer Strom eine Magnetnadel dauernd aus ihrer Nord-Süd-Richtung ablenkt, ein einfacher Beweis, daß den Strom ein magnetisches Feld umgibt.

Dieser Versuch, der zwar weiter schon erkennen läßt, daß die magnetische Kraft senkrecht zum stromdurchflossenen Leiter gerichtet ist, führt uns jedoch noch nicht zu einer Vorstellung des zugrunde liegenden Vorganges und wir finden bald, daß die starre Magnetnadel in der Nähe des starren Stromleiters nur der Einwirkung soweit folgte, als sie dazu in der Lage war; die Erscheinung ergibt sich als ein noch merkbarer letzter Rest einer Wirkung von ganz spezieller Natur.

Erstrebt man nämlich eine möglichst unsymmetrische Einwirkung auf die beiden Pole und macht ferner den Magneten als Teil der Strombahn frei beweglich, so erhält man das sonderbare Resultat, daß der Magnet rotiert, und zwar in bestimmtem Sinne; kehrt man die Richtung des Stromes um, so rotiert auch der Magnet in entgegengesetztem Sinne. Ist der Magnet starr befestigt und der Leiter leicht beweglich, so schlingt sich letzterer, sobald er vom elektrischen Strom durchflossen wird, spiralförmig um den Magneten.

Ein Strom und ein Magnetpol üben also eine drehende Kraft aufeinander aus und hier ist offenbar ein ganz anderer Mechanismus tätig als sonst zwischen Körpern bei ihrer Wirkung und Gegenwirkung aufeinander, die sich in ihrer Verbindungslinie vollziehen.

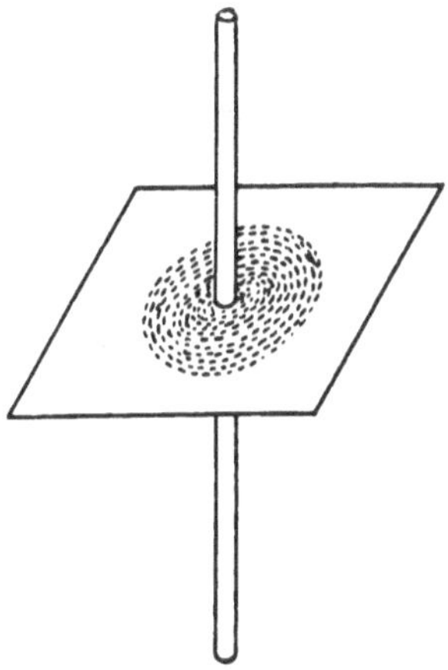

Fig. 3. Magnetische Kraftlinien von einem geradlinigen Strom.

Eine ruhende elektrische Ladung und ein ruhender Magnetpol würden dies Phänomen nicht hervorbringen, vielmehr ist eine Bewegung erforderlich, und gerade diese Erkenntnis führte auf die Spur des sich wirklich abspielenden Vorganges.

Man gelangt auf diese Weise zu der Annahme, daß das magnetische Feld eine Art rotatorischer Bewegung sei und man scheint auf die Schlußfolgerung hingewiesen, daß diskrete Ätherteilchen um ihre eigene Achse rotieren ohne Spannung und ohne Ortsveränderung gewissermaßen wie in einem ungeheuren Uhrwerk. Man erinnere sich des bekannten einfachen Versuchs, den Figur 3 schematisch darstellt. Ein langer stromdurchflossener Draht ist senkrecht durch eine Papierfläche geführt, auf welche man Eisenfeile geschüttet hat; durch Klopfen hilft man

Fig. 4. Veranschaulichung der Natur einer magnetischen Kraftlinie.

nach, daß die magnetischen Kräfte die Reibung der Eisenfeile auf dem Papier besser überwinden können; es bilden sich dann rings um den Draht konzentrische Kreise, welche man magnetische Kraftlinien nennt und welche als nichts anderes anzusehen sind als die Achsen der rotierenden Ätherteilchen, wie es noch besser Figur 4 veranschaulicht. Notwendigerweise müssen diese magnetischen Kraftlinien oder Kerne der Ätherwirbel sich zu verkürzen und sich gegenseitig seitlich wegzudrängen suchen, wie es in der Tat durch die Anziehung und Abstoßung im magnetischen Feld offenkundig wird. Verändert man die Intensität des Magnetfelds, d. h. treten in der gleichmäßigen Bewegung des Räderwerkes Hemmungen oder Beschleunigungen ein, so muß die aufgewandte Energie sich notwendig äußern. Von einem instinktiven Gefühl für den Zusammenhang geleitet, fand so Faraday die induzierten Ströme durch Bewegung eines Magneten, deren Energie das Spiegelbild ist der Stromesenergie, welche verbraucht wird für den Fall, wo der Strom den Magneten mit wachsender Geschwindigkeit bewegt. Den Zusammenhang vermittelt das umgebende Medium, das während der Magnetisierung und Elektrisierung in einen veränderten Zustand gerät.

Viertes Kapitel.

Das elektrische Feld.

Der Äther in der Umgebung elektrisch geladener Körper gerät in einen Zustand der Spannung; dieselbe hat eine bestimmte Größe und Richtung und kann deshalb durch Kurven dargestellt werden, welche man als elektrische Kraftlinien bezeichnet und durch welche das sogenannte elektrische Feld gebildet wird.

Nach der Maxwellschen Vorstellung ist das Entstehen einer elektrischen Spannung im Sinne einer Verrückung oder Verschiebung im Äther aufzufassen; man darf dabei nicht etwa an Kompressionen und Dilatationen denken, denn nach den bezüglichen berühmten Versuchen von FARADAY und CAVENDISH steht es fest, daß die Volumenelastizität des Äthers unendlichen Wert hat, d. h. daß er inkompressibel ist. Wohl aber ist eine Deformation möglich, welche das Volumen unverändert läßt und welche gewissermaßen eine Formelastizität des Äthers erregt; hat solche einen endlichen Wert, so muß sich aus ihrem Verhältnis zur Dichtigkeit des Mediums die Fortpflanzungsgeschwindigkeit in demselben ergeben, oder wenn letztere etwa empirisch zu ermitteln wäre, so ist dadurch der Wert des Verhältnisses der beiden ersten Größen bestimmt, welcher weitere wichtige Schlußfolgerungen gestattet.

Hört die Ursache auf, welche die Verrückung hervorbrachte, so schnellt das Mittel zurück infolge der elastischen Kraft, welche sich der Verrückung widersetzte und es entstehen für gewöhnlich Oszillationen, die so lange dauern, bis die ursprüngliche Energie verbraucht ist.

Die elektrischen Spannungskurven haben einen Anfang und ein Ende an den Leitern, welche das Feld erregen entsprechend der positiven und negativen Ladung des entsprechenden Körpers. Denken wir uns ein System von Isolatoren oder Äther und Leitern mit nicht geschlossenen Bahnen, so haben wir folgendes Bild von der Entstehung des elektrischen Feldes. An jeder Stelle des Mediums treten solche formelastischen minimalen Verschiebungen auf in der Richtung der Kraftlinien und diese

Bewegung, die wir eine dielektrische Strömung nennen, dauert nur einen Moment; infolge der elastischen Rückwirkung des Mediums verwandelt sich diese kinetische Energie in die potentielle. Sobald nun die Ursache der Verschiebung aufhört, muß dann eine dielektrische Strömung von entgegengesetzter Richtung eintreten.

Ganz anders ist es bei den vorhandenen Leitern; an ihnen gleitet gewissermassen nur die Energie entlang und so lange die Verschiebung andauert haben wir auch in ihnen eine Strömung, den sogenannten Leitungsstrom, aber es bildet sich dabei im Leiter kein eigner Spannungszustand aus. Erst wenn das Medium zurückschnellt, dann tritt auch im Leiter der Leitungsstrom von entgegengesetzter Richtung auf.

In dieser Hinsicht können Leiter als solche Körper erscheinen, welche das Bestreben haben, die Spannungen des Äthers wieder auszugleichen, während die Isolatoren oder Dielektrika der Spannung des Äthers nicht nachgeben; wird dieselbe aber zu groß, so zerreißt der Zusammenhang dieser letzten Körper unter Licht- und Wärmeerscheinungen, es bildet sich der elektrische Funke.

Die neuesten Forschungen scheinen auch hier einen intimeren Einblick in den kausalen Zusammenhang zu ermöglichen; denn wir verstehen heute unter Leiter solche Körper, in welchen eine freie Fortbewegung der früher erwähnten Elektronen stattfindet, denen sich auf ihrer Bahn zwischen den Atomen ein bestimmter Reibungswiderstand entgegensetzt, welcher eine Reibungswärme, die sogenannte Stromwärme, entstehen läßt.

Die Elektronen erscheinen ferner geradezu als das Bindeglied zwischen Äther und Materie; entzieht man einem ungeladenen Körper, der keine Spannungen im Äther hervorruft, Elektronen, so erscheint er positiv elektrisch, dagegen negativ, wenn in ihm ein Überschuß an Elektronen vorhanden ist; offenbar ist es nicht einmal erforderlich differente Arten negativer und positiver Elektronen vorauszusetzen, wie es vielfach noch angenommen wird.

Helmholtz hatte bereits eine Auffassung der Elektrizität als diskrete Elemente realer Existenz angedeutet und die Annahme liegt nahe, daß die Elektronen den Äther ausmachen oder von ihm nur durch eine Ursache, vielleicht Bewegung, differentiiert sind.

Anderseits richten die Phänomene des Radiums, das permanent Elektronen aussendet, unsern Blick mehr auf einen Zusammenhang zwischen Materie und Elektronen, so daß für die Zukunft alles auf die Erkenntnis der allem Anschein nach vorhandenen generellen Beziehung zwischen Äther, Elektronen und Materie anzukommen scheint.

Fünftes Kapitel.

Das elektromagnetische Feld. Strahlung.

Durch Wechselseitigkeit verraten sich magnetische und elektrische Phänomene als Erscheinungsformen eines einzigen Mechanismus, der im Äther besteht und eine

Funktion desselben ist. Der Äther muß demnach eine rotationelle Elastizität besitzen, die im magnetischen Feld zur Wirksamkeit kommt und eine elastische Spannung von bestimmter Größe und Richtung, welche das elektrische Feld erzeugt.

Die Aufhellung allgemeiner Beziehungen zwischen elektrischen und magnetischen Kräften ist Gegenstand der MAXWELLschen Theorie, welche die Erkenntnis der zeitlichen Veränderungen erschließt. Ferner kam MAXWELL zu dem wichtigen Schluß, daß eben diese Eigenschaften des Äthers auch die Entstehung elektromagnetischer Oszillationen ermöglichen, die sich mit Lichtgeschwindigkeit ausbreiten und sich von Lichtschwingungen durch nichts als durch differente Schwingungszahlen unterscheiden müssen.

So erscheinen im veränderlichen Zustand elektrische und magnetische Wirkungen eng miteinander verknüpft und die potentielle Energie der elektrostatischen Spannung ist ebenso groß wie die kinetische Energie der elektromagnetischen Bewegung; ihre Summe ist konstant. Haben wir es mit periodischen Störungen zu tun, so verwandelt sich in der Tat, genau analog wie wir es bei den Schallschwingungen erkannt haben, in jeder Viertelschwingung die potentielle Form in die kinetische Form der Energie und umgekehrt; es bildet sich dann eine elektromagnetische Welle.

Strahlung.

In großen Zügen haben wir uns das Charakteristische einer elektromagnetischen Störung im Äther vor Augen zu führen gesucht, soweit es die Grenzen einer allgemeinverständlichen Darstellung gestatteten.

Wir erkannten als wirksam die elektrischen Kräfte im Sinne einer Spannung durch dielektrische Verschiebung und die magnetischen Kräfte im Sinne einer elastischen Deformation durch Rotation oder Torsion. Beide Kräfte stehen senkrecht aufeinander, und wie bei allen Transversalschwingungen pflanzt sich nun senkrecht zu beiden die Energie, d. h. hier die elektromagnetische Energie fort; es ist die Richtung der Strahlung.

Mit welcher Geschwindigkeit dies geschieht, muß sich nach vorher Gesagtem ohne weiteres durch rein physikalische Messungen aus dem periodisch wechselnden Ätherzustand berechnen lassen. Man braucht ja z. B. nur erstens die Spannung eines bestimmten Kondensators durch ein Elektrometer zu messen; seine Kapazität läßt sich elektrostatisch berechnen, und es ergibt sich in dieser Weise ein Wert für die Elektrizitätsmenge in elektrostatischen Maßeinheiten. Verbindet man nun zweitens die Belegungen des Kondensators durch einen Leiter, so erhält man einen kurz dauernden Strom, der um sich ein Magnetfeld erzeugt, das durch die Größe der Ablenkung einer Magnetnadel gemessen werden kann; auf diese Weise hat man auch dieses Mal die Elektrizitätsmenge bestimmt, und zwar elektromagnetisch.

Das Verhältnis der elektrostatischen zu den elektromagnetischen Maßeinheiten erweist sich, wie es sein muß, als von der Dimension einer Geschwindigkeit, und eine solche Rechnung auf Grund der eben angedeuteten Bestimmungen ergibt den Wert von 300000 Kilometer in der Sekunde, d. i. die Lichtgeschwindigkeit.

Ein elektromagnetisches Wechselfeld breitet sich aus wie Lichtwellen, ja, Licht erscheint als vollständig identisch mit elektrischen Schwingungen, welche die elektrischen und magnetischen Kräfte des Äthers wachrufen.

Gelingt es, solche Wechselfelder künstlich zu erzeugen und ihre Ausbreitung zu verfolgen, so muß sich notwendigerweise ihre Identität mit optischen Phänomenen experimentell feststellen lassen.

Dieser Beweis wurde in genialer Weise erbracht von Heinrich Hertz durch seine „Untersuchungen über die Ausbreitung elektrischer Kraft“, deren Prinzip wir uns nun vergegenwärtigen wollen.

ZWEITER TEIL.

Erstes Kapitel.

Prinzip der Hertzschen Versuche.

Die prinzipielle Methode von Hertz zur Erzeugung elektrischer Schwingungen wird durch Figur 5 veranschaulicht.

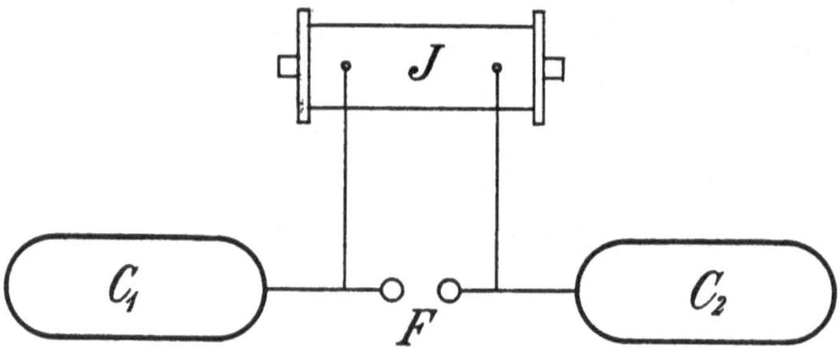

Fig. 5. HERTZscher Oszillator.

Zwei Metallzylinder oder Platten C_1 C_2 sind durch einen Draht miteinander verbunden, der jedoch an einer Stelle durch eine Funkenstrecke F unterbrochen ist. Durch eine Influenzmaschine oder von den Sekundärklemmen eines Induktoriums J aus wird dieses System geladen bis zu einem, seiner Kapazität entsprechenden Maximum, wobei die eine Hälfte positiv, die andere negativ elektrisch ist. Nun setzt, infolge der Potentialdifferenz, ein Funke in der Funkenstrecke ein und versetzt die Ladung in Schwingungen, wenn der Widerstand der Entladungsbahn klein ist im Vergleich zu seiner Selbstinduktion. Wir werden uns in einem späteren Kapitel noch eingehender mit den oszillatorischen Entladungserscheinungen zu befassen haben, weshalb wir an dieser Stelle nur mit wenigen Andeutungen die Vorstellung fixieren wollen.

Sobald die vorhandene Potentialdifferenz die Elektrizität in Bewegung versetzt, bildet sich ein elektrischer Strom, dessen Stärke unaufhörlich wächst und bis zu einem größten Werte anschwillt, während gleichzeitig die Potentiale allmählich bis auf Null fallen.

Der Strom kann nun aber, sobald er seine maximale Stärke erreicht hat, selbstredend nicht plötzlich aufhören, sondern er muß weiterfließen; dabei ladet er die beiden Platten in entgegengesetzter Richtung, was solange andauert, bis seine Stärke allmählich auf Null gesunken ist, während die Potentiale gleichzeitig successive ihren ursprünglichen Wert wieder annehmen. Jetzt haben wir dasselbe Bild wie im Anfangszustand, nur daß die Ladungen, also auch die Potentiale, ihr Vorzeichen vertauscht haben. Dasselbe Spiel wiederholt sich nun im umgekehrten Sinne, und wir würden in alle Ewigkeit fortdauernd dasselbe wechselnde Bild erblicken, wenn nicht Energieverluste die Schwingungen immer kleiner und kleiner werden ließen und sie endlich ganz zum Verklingen brächten.

Man denke an ein Pendel, das man aus seiner Ruhelage gehoben hat und dann losläßt; es schwingt hin und her, wobei sich unaufhörlich die Energie der Lage, d. h. die potentielle Form in die Energie der Bewegung — entsprechend den Potentialen und Strömungen im elektrischen System — verwandelt und umgekehrt; theoretisch für alle Zeiten derselbe wechselnde Vorgang, in Wirklichkeit nur von relativ kurzer Dauer, bis die Energie infolge der Verluste durch Reibung, Luftwiderstand etc. verbraucht ist. Diese Analogie läßt sich aber noch weiter ausgestalten. Die Schwingungsdauer des Pendels hängt bekanntlich von seinen Dimensionen ab, und prinzipiell ebenso verhält es sich bei dem elektrischen System, dessen Konstanten der Kapazität und Selbstinduktion die Schwingungsdauer bestimmen. Die Kapazität ist das konstante Verhältnis der Ladung zum Potential und bedeutet also die elektrische Aufnahmefähigkeit eines Leiters oder eines Systems von Leitern bei einer bestimmten Spannung.

Die andere Größe, die Selbstinduktion, ist der für elektrische Schwingungen spezifische Faktor, der stets eine große Rolle spielt, wenn wir es mit veränderlichen Strömen zu tun haben; sie wird bedingt durch die Magnetisierung des den Strom umgebenden Raumes und die Schwankungen des Magnetfeldes rufen eben eine elektromotorische Kraft der Induktion hervor, welche sich den Intensitätsänderungen des Stromes widersetzt; letztere hängt demnach ab von der Stärke des Stromes, von der Geschwindigkeit, mit welcher sich dieser ändert, und von der Form des Leiters, welche letztere in Spulen ihren maximalen Wert bekommt. Die Selbstinduktion spielt bei den oszillatorischen Ladungs- und Entladungserscheinungen anscheinend dieselbe Rolle, wie das Beharrungsvermögen der greifbaren Materie, so daß es aussieht, als hätten wir es bei der Elektrizität mit trägen Massen zu tun. In beiden Fällen erscheint jedenfalls das Prinzip so ähnlich, daß man die Selbstinduktion auch als das elektromagnetische Beharrungsvermögen bezeichnet, ja nach den heutigen Anschauungen über den Aufbau der Materie liegt es sogar nahe, die sogenannte Trägheit als eine elektrische Erscheinung aufzufassen, welche sich in der Tat von selbst ergeben müßte, falls die Atome zu den Elektronen in genereller Beziehung ständen oder aus ihnen aufgebaut wären.

Die skizzierte Anordnung nannte nun HERTZ einen elektrischen Oszillator; seine Pole sind durch das Hin- und Herwallen der Ladung nach jeder halben Schwingung abwechselnd positiv und negativ, wodurch im Äther der früher beschriebene Spannungszustand entsteht.

Als sekundäres Phänomen erzeugt dann die Strömung das magnetische Feld. Die Umwandlung der elektrischen in die magnetische Energie beginnt, nachdem die Zahl der elektrischen Kraftlinien so groß wie möglich geworden ist und diese sich nun bei fortschreitender Zeit wieder in den Leiter zurückziehen.

Da tritt nun ferner, wie HERTZ zeigte, ein eigentümliches Verhalten der äußeren Kraftlinien ein, welche sich am weitesten von dem schwingenden Leiter entfernt haben; es „schnüren“ sich nämlich von ihnen in sich geschlossene Kraftlinien ab, die in den Raum hinauswandern und nicht mehr zurückkehren. Die ursprüngliche Energie wird auf diese Weise vermindert um die Energie der abgeschnürten Teile, d. h. um die Energie der Strahlung. Gerade dieser Umstand ist außerordentlich wichtig und das Charakteristikum einer offenen Strombahn, wie solche die Figur 5 veranschaulicht. Die Energie muß ja an die Umgebung abgegeben werden, wenn sie an entfernten Stellen Wirkungen hervorbringen soll, und gerade dadurch hat HERTZ die Möglichkeit einer elektrischen Strahlung realisiert, die mit Lichtgeschwindigkeit den Raum durchsetzt, ja sich in jeder Beziehung wie Licht verhält, nur daß sie für unser Auge unsichtbar ist.

Wie wir schon erwähnten, sind elektrische und magnetische Oszillationen zeitlich um eine Viertelperiode gegeneinander verzögert, und eine Folge dieses Umstandes ist es, daß innerhalb der ersten Viertelwellenlänge die Kräfte bald das gleiche, bald das entgegengesetzte Vorzeichen aufweisen, wodurch ein Teil der Energie wieder zum Oszillator zurückkehrt und dazu beiträgt, die Schwingung aufrecht zu halten. Erst jenseits dieser Grenze sind elektrische und magnetische Kräfte in gleichem Sinne wirksam, so daß die eigentliche Strahlungsquelle um eine Viertelwellenlänge vom Oszillator entfernt ist; je kleiner also dieser Abstand ist, d. h. je kürzer die Wellen sind, um so intensiver ist die Strahlung.

Mit diesen Strahlen führte nun HERTZ fast sämtliche in der Optik wohlbekannten Versuche aus, wie Reflexion, Brechung, Beugung, Polarisation etc., wobei er natürlich nicht mit spezifisch optischen Instrumenten experimentieren konnte, sondern seine Apparate in Material und

Größe den spezifisch elektrischen Eigenschaften und Dimensionen seiner Wellen anzupassen hatte, ebenso maß er, wie schon früher bemerkt, in dem kleinen Raum seines Laboratoriums die gewaltige Fortpflanzungsgeschwindigkeit, indem er den Kunstgriff anwendete, durch Reflexion an einer ebenen Metallfläche die bekannten stehenden Wellen zur Ausbildung zu bringen.

HERTZ operierte anfangs mit Wellen von sechs Meter Länge, d. h. mit Schwingungen, in denen die Elektrizität 50 millionenmal in der Sekunde hin- und herschwang; später ging er und andere Forscher zu immer größeren Schwingungszahlen, also kleineren Wellen über und heute stellt man schon elektrische Schwingungen her, denen Wellenlängen von nur Bruchteilen eines Millimeters entsprechen. Diesen Größen gegenüber sind jedoch die Wellenlängen des Lichts, das ja nichts anderes sein soll wie eine elektromagnetische Vibration, noch verschwindend klein. Die Wellenlänge des roten Lichts z. B. beträgt 0,000 67 Millimeter und eine einfache Rechnung weist uns sofort darauf hin, daß wir es hier mit Strombahnen von atomistischen Dimensionen zu tun haben müssen. Es kann dabei zweifelhaft sein, ob die Atome als Ganzes sich in einem Zustande heftigster Erzitterung befinden, oder ob es ihre elektrischen Ladungen sind, welche 400 bis 700 billionenmal in der Sekunde hin- und herwallen müßten.

Nach der neuesten Anschauung sind es die mit den Atomen verbundenen Elektronen, welche in einer Lichtquelle die enorm schnellen Vibrationen vollführen und so den Äther elektromagnetisch erschüttern. — Das Studium des berühmten ZEEMANNschen Phänomens der Verdopplung der Spektrallinie im Magnetfeld läßt diese Annahme im Verein mit anderen Tatsachen fast zur Gewißheit werden.

Solche Überlegungen haben aber auch ein praktisches Fazit, daß wir nämlich darüber sinnen müssen, in der Zukunft Lichtschwingungen direkt elektrisch zu erzeugen und aufrecht zu halten, denn die heutige Methode, daß wir erst die Molekeln durch Wärme erschüttern, um dann successive zu den Lichtstrahlen zu gelangen, ist bekanntlich die denkbar unökonomischste.

Soviel über die Erzeugung elektrischer Oszillationen und wollen wir nunmehr das Prinzip betrachten, wie HERTZ die Ausbreitung elektromagnetischer Wellen im Raume nachwies.

HERTZ sagte sich, daß die elektrischen Oszillationen wieder schwingende elektrische Ströme in entfernten Leitern erzeugen und solche sich durch Funkenbildung verraten müßten, wenn der entfernte Leiter so dimensioniert war, daß er möglichst die gleiche elektrische Schwingungsdauer besaß, wie der Oszillator.

HERTZ erstrebte also die Realisierung des in der Akustik wohlbekannten Prinzips der Resonanz, um die auftreffenden elektrischen Impulse zu summieren und so die Wirkung zu verstärken.

HERTZ bezeichnete deshalb seine empfangende Vorrichtung als Resonator, von welchem Figur 6 eine Ansicht gibt.

Ein Metallring ist durch eine minimale Luftstrecke zwischen den Kugeln F_1 F_2 unterbrochen, welche durch eine Mikrometerschraube in ihrem Abstand verstellbar waren; es mußte also bei diesem Resonator das Produkt aus Kapazität und Selbstinduktion, welches das Maß für die Schwingungsdauer ist, numerisch denselben Wert besitzen wie aus denselben Konstanten des Oszillators, wenn

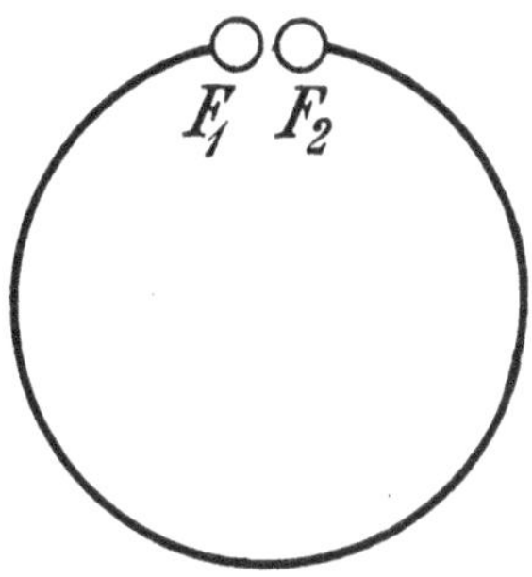

Fig. 6. HERTZscher Resonator.

auch die Verteilung der Werte der beiden Faktoren eine verschiedene sein konnte.

Mit diesem einfachen Instrument, dessen Unzulänglichkeit für praktische Zwecke ohne weiteres zugegeben werden dürfte, tastete nun HERTZ den Raum ab, nachdem er vorher durch längeren Aufenthalt in völliger Dunkelheit sein Auge auch für die schwächsten Lichtreize empfindlich gemacht hatte, und aus der Größe der Funken, ihrem Verschwinden und Wiederauftauchen an verschiedenen Stellen des Raumes und bei verschiedenen Lagen des Ringes zog er die folgenschweren Schlüsse, welche eine glänzende Bestätigung der MAXWELLschen Theorie und ihrer Konsequenzen ergaben.

Wir schilderten auch bereits, welches ungeheure Aufsehen diese Versuche in der ganzen gebildeten Welt erregten und daß auch praktische Ziele auf Grund derselben ins Auge gefaßt wurden.

In der Tat war durch diese klassischen wissenschaftlichen Untersuchungen ein rationelles Prinzip einer drahtlosen Telegraphie festgelegt, und mehr als Hertz selbst es vermutete, bildete dasselbe das feste Fundament, auf dem später andere im Sinne praktischer Ausnutzung den Bau eines gewaltigen Gebäudes begannen.

Zweites Kapitel.

1) Der Marconi-Geber.

Wir wiesen in dem historischen Entwicklungsgang der drahtlosen Telegraphie schon darauf hin, daß Marconi zu seinen ersten praktischen Versuchen angeregt wurde durch die Vorlesungen, welche er bei Professor Righi in Bologna über Hertzsche Versuche hörte, der besonders darauf bedacht war, mit möglichst schnellen elektrischen Schwingungen zu experimentieren.

Figur 7 zeigt schematisch die Righischen Versuchsdispositionen.

Ein Induktorium J ladet zunächst die kleinen Kugeln; diese entladen sich auf die großen „Oszillatorkugeln" und sobald ein Funke zwischen letzteren überschlägt, entstehen die wirksamen Schwingungen, deren Wellenlängen von den Dimensionen dieser Kugeln abhängen. RIGHI erzielte auf diese Weise elektrische Wellen von der Größenordnung einiger Millimeter.

MARCONI begann zuerst im Jahre 1896 seine praktischen Versuche, wobei er sich direkt der RIGHIschen Anordnungen in unveränderter Form bediente. Der primäre Stromkreis des Induktoriums wurde in bekannter Weise durch einen NEEFschen Hammerunterbrecher automatisch geöffnet und geschlossen; ferner befand sich in diesem Kreis ein Morsetaster, mit welchem man den Strom kürzere oder längere Zeit schließen konnte, um kürzere oder längere Ausstrahlungen des Oszillators, entsprechend den Punkten und Strichen des Morsealphabets, hervorzubringen.

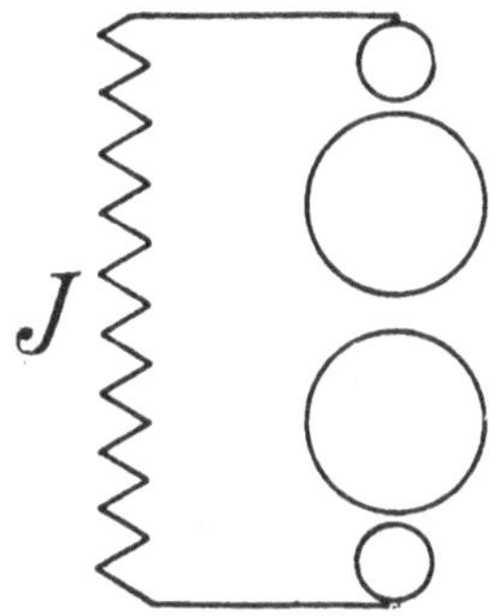

Fig. 7. RIGHI-Oszillator.

Wie RIGHI, so stellte auch MARCONI anfangs den Oszillator in die Brennlinie eines parabolischen Metallzylinders und ein solcher bildete auch einen wesentlichen Bestandteil der Empfangsstation.

Später wurden diese elektrischen Spiegel verworfen und MARCONI ging dazu über, die eine Oszillatorkugel durch einen Draht mit einer Metallplatte zu verbinden, welche über dem Erdboden an einer Stange isoliert befestigt war; die andere Oszillatorkugel wurde mit der Erde in Verbindung gebracht. MARCONI sah jedoch sehr bald ein, daß die Anwesenheit dieser Metallplatte für die Wirkung ziemlich gleichgiltig war, daß es vielmehr fast ausschließlich auf die Länge des Drahtes ankam, mit welchem die Metallplatte in die Höhe geführt war. So wurden in der Folge, nachdem MARCONI inzwischen sein Versuchsfeld nach England verlegt hatte, nur diese Drähte, die sogenannten Luftdrähte oder Antennen, benutzt, die man an hohen Masten befestigte oder durch Ballons in die Höhe führte.

Ein solcher Luftdraht wurde auch an der Empfangsstation verwendet und seine Anwesenheit erwies sich als ein ganz wesentliches Moment für die immer mehr gesteigerte Fernwirkung.

Nun sollte man meinen, daß eine richtige Deutung, welche Bewandtnis es mit den Luftdrähten hatte, sehr nahe gelegen hätte, wo über die Wirkungsweise des HERTZschen Oszillators auch nicht die mindeste Unklarheit bestand. Merkwürdigerweise gelangte man statt dessen zu gänzlich unrichtigen Vorstellungen, welche einem bahnbrechenden Fortschritt sogar direkt hinderlich wurden.

MARCONI glaubte nämlich immer noch mit den kleinen Wellen eines RIGHIschen Oszillators zu arbeiten und der

Luftdraht sollte nur die Funktion erfüllen, die Ausstrahlung auf seiner ganzen Länge zu vermitteln; hieran hielt er auch noch fest, nachdem er an Stelle der vier

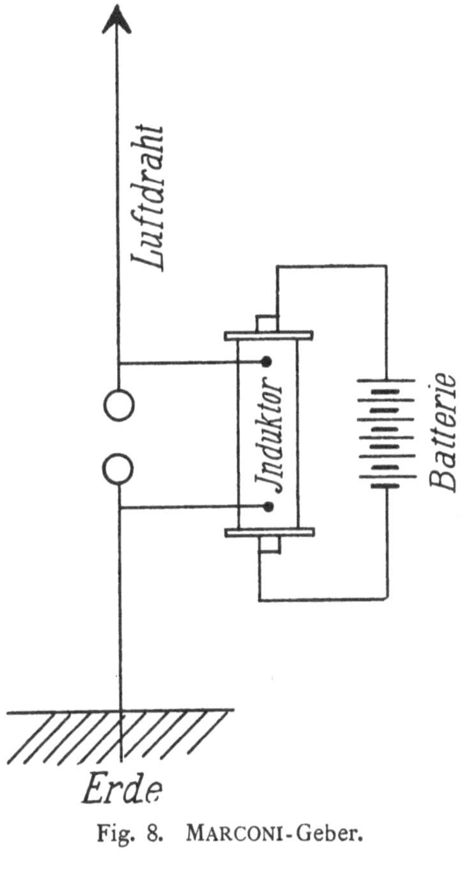

Fig. 8. MARCONI-Geber.

RIGHI-Kugeln nur zwei Kugeln benutzte, zwischen denen der Funke überschlug, wie es Figur 8 ohne weiteres erkennen läßt.

Man teilte fast allgemein diese Ansicht und der Irrtum ging so weit, daß andere Pioniere der drahtlosen Telegraphie gewissenhaft die Dimensionen der Kugeln beibehielten, welche MARCONI als am günstigsten herausgefunden haben wollte, während man gleichzeitig über die Länge des Luftdrahtes vollständig willkürlich verfügte.

Erst die späteren Versuche von Professor BRAUN und seine sehr präzisen Anschauungen haben den Irrtum aufgeklärt und zu einer wirklich wertvollen Benutzung des Luftdrahtes geführt.

Ein Blick auf die MARCONIsche Anordnung in Figur 8 läßt uns sofort erkennen, daß das Ganze gar nichts anderes ist, wie ein vertikal gestellter HERTZscher Oszillator, in welchem die eine Hälfte durch den Luftdraht, die andere durch die Erdung ersetzt ist. — Es kann also keine Rede davon sein, daß die kleinen Kugeln die Wellenlänge bestimmen, sondern die Konstanten, Kapazität und Selbstinduktion, des ganzen Gebildes, wobei die Erdung zunächst nur die Wirkung hat, daß sie die Wellenlänge verdoppelt. Allgemein ergibt sich, daß ein in dieser Weise elektrisch angestoßener Luftdraht immer so schwingt, daß die erzeugte Wellenlänge den vierfachen Betrag seiner Länge ausmacht.

MARCONI arbeitete also nicht mit den außerordentlich kurzen RIGHIschen Wellen, sondern mit mächtigen Wellen von Hunderten von Metern Länge, und gerade den Eigenschaften der letzteren verdankte er seine ersten grossen Erfolge, ohne daß er sich dieses Umstandes bewußt war.

Da es nun vorläufig nur darauf ankommt, das Prinzip des Gebers zu skizzieren, um dann später seine Entwicklung zu verfolgen, so sehen wir von detaillierten Beschreibungen dieser ersten Anordnungen von Marconi ab, ebenso wie von einer Wiedergabe seiner Anschauungen über den Zusammenhang der zu überbrückenden Entfernungen mit den Längen der Luftdrähte, ihrer besten relativen Lage zueinander an den beiden Stationen usw. — Bei der späteren Besprechung der praktischen Installation einer Station für drahtlose Telegraphie und speziell der eigenen Versuche, werden wir ohnehin diverse dieser Einzelfragen zu ventilieren haben.

---

2) Der Marconi-Empfänger.

In gleicher Weise behandeln wir nun den ursprünglichen Marconi-Empfänger, welchen Figur 9 veranschaulicht und der, wie früher schon bemerkt, völlig identisch ist mit den Dispositionen, welche Popoff schon im Jahre 1895 anwendete, um luftelektrische Entladungen automatisch zu registrieren und zeitlich zu verfolgen.

Der prominente Bestandteil dieser Empfangsstation für elektrische Wellen ist der von Branly entdeckte Kohärer, dessen Einrichtung und Wirkungsweise wir an dieser Stelle schon kurz andeuten wollen, indem wir uns vorbehalten, später noch auf mögliche Erklärungen der noch nicht ganz aufgeklärten Funktion dieses wichtigen Organs zurückzukommen.

Wie die Zeichnung erkennen läßt, besteht der Kohärer aus Metallfeile oder Metallkörnern, welche sich in dem kleinen Raum, *r*, zwischen zwei sich nahe gegenüberstehenden Metallflächen, *mm*, befinden. Das Ganze ist in ein Röhrchen von Hartgummi oder Glas eingeschlossen.

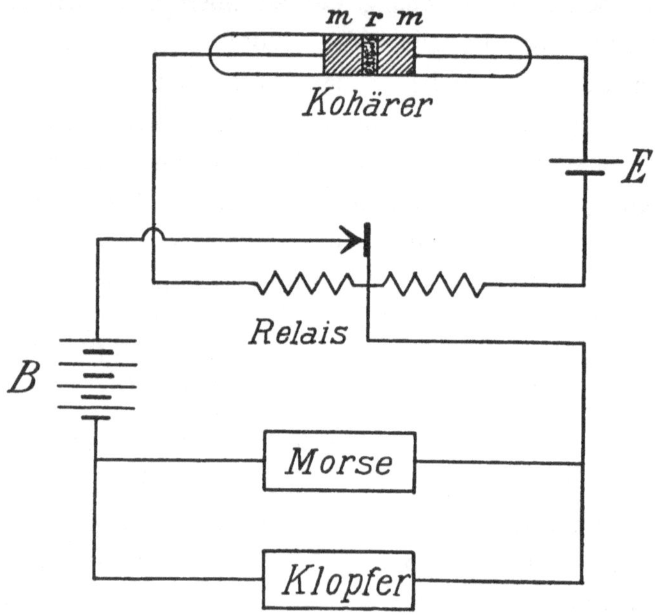

Fig. 9. MARCONI-Empfänger.

Infolge von Oxydation an seiner Oberfläche setzt dieses fein zerteilte Metall, in einen schwachen Stromkreis eingeschaltet, für gewöhnlich dem Durchgang des Stromes einen unüberwindlichen Widerstand entgegen. Sobald aber elektrische Wellen auftreffen, sinkt der Widerstand plötzlich auf einen sehr kleinen Wert und der Strom kann passieren. Durch diese elektrische Bestrahlung werden die Metallteilchen offenbar in eine bessere elektrische Verbindung gebracht; es bildet sich gewissermaßen eine rein metallische Brücke, über welche der Strom leicht fließen kann, die aber durch geringe mechanische Erschütterung wieder zum Einsturz zu bringen ist.

Dieser Kohärer ist zusammen mit einem Relais, wie es auch in der gewöhnlichen Telegraphie benutzt wird, in den Stromkreis eines Elementes, *E*, geschaltet. In üblicher Weise wird nun vermittelst des Relais in einem angeschlossenen stärkeren Stromkreis mit der Batterie, *B*, ein MORSE-Schreiber betätigt, gleichzeitig aber auch in Parallelschaltung dazu ein Klopfer nach Art der elektrischen Klingel, dessen Klöppel den Kohärer, sobald er leitend geworden, durch einen sanften Schlag aufrüttelt und ihn so in seinen gewöhnlichen, nichtleitenden Zustand zurückversetzt.

An dem einen Pol ist der Kohärer, wie es die folgende Figur 10 zeigt, mit einem Luftdraht, an dem anderen Pol mit der Erde in Verbindung gebracht. — Trifft nun eine elektrische Welle auf den Luftdraht auf, so wird der Kohärer zunächst leitend und es entsteht auf dem Papierstreifen des MORSE-Schreibers ein Punkt, da ja durch den sofort miteinsetzenden Klopfer der Kohärer erschüttert und wieder nichtleitend gemacht wird. Hält die Bestrahlung einige Zeit an, so lehnt sich der nächste Punkt auf dem MORSE unmittelbar an den ersten usw., und man bekommt eine Folge von Punkten, d. h. einen Strich. Aus Kombinationen von Punkten und Strichen setzt sich bekanntlich das MORSE-Alphabet zusammen, nach welchem man nun also durch kürzeres oder längeres Aussenden von elektrischen Wellen telegraphieren kann.

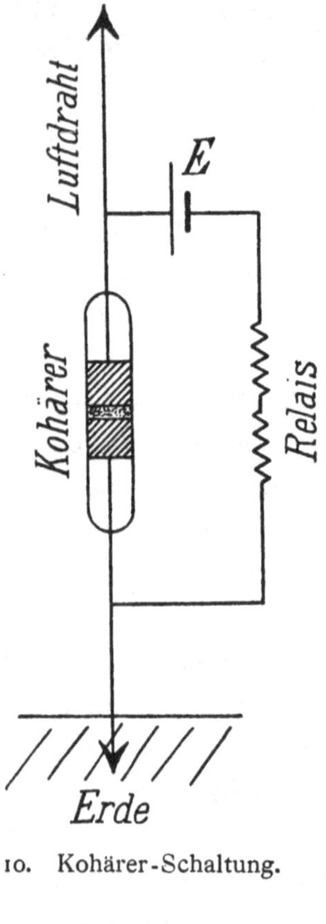

Fig. 10. Kohärer-Schaltung.

Selbstverständlich ist jede Station sowohl Sende- wie Empfangsstation und durch einen Umschalter wird der Luftdraht bald mit den Gebeapparaten, bald mit den Empfangsvorrichtungen in Verbindung gebracht.

In großen Zügen haben wir in diesem Abschnitt ein Bild entworfen von den ursprünglichen Einrichtungen, welche MARCONI für eine praktische Telegraphie ohne Draht verwendete, mit welchen er dann aber, trotz allen Anstrengungen, bald an Grenzen der Wirksamkeit anlangte.

Die allgemein geteilte, unrichtige Auffassung hinsichtlich der wirksamen Wellenlänge stand richtigen Deutungen der Ursache dieser unerwartet schnellen Begrenzung und einer zielbewußten Weiterentwicklung im Wege.

Wäre man sich darüber klar gewesen, daß man die gesteigerten Wirkungen der letzten Versuche MARCONIS nur der Anwendung großer Wellen, also langsamer Schwingungen, verdankte, so würde man wohl sofort stutzig geworden sein, denn für die Erzeugung solcher langsamen Schwingungen war eine bewährte Methode wissenschaftlich wohlbekannt; auf ihren Prinzipien hatte ja HERTZ aufgebaut, um zu seinen Anordnungen zu gelangen, mit welchen er sehr schnelle elektrische Schwingungen, also kurze Wellen, hervorbringen wollte.

Ob diese bekannte Methode auch zum Aussenden der Wellen geeignet war, würde dann natürlich eine äußerst wichtige, aber zunächst nur sekundäre Frage gewesen sein.

Ein zweiter Gesichtspunkt ergab sich aus der Frage, wie es sich überhaupt mit der Energie verhalte, die im günstigsten Falle der MARCONI-Geber an die Umgebung abgeben könnte. Offenbar war dieselbe vollständig bestimmt durch die Kapazität des Luftdrahtes einerseits und das Entladungspotential der Funkenstrecke anderseits.

Was zunächst den letzteren Faktor angeht, so zeigte es sich bald, daß man über eine gewisse Länge der Funkenstrecke nicht hinausgehen durfte; betrug dieselbe schon wenig mehr als einen Zentimeter, so wurde der Funke unwirksam, d. h. die Fernwirkung wurde enorm reduziert oder blieb ganz aus. — Den Grund dieser Erscheinung werden wir später kennen lernen.

Es blieb also nur übrig, die Kapazität zu vergrößern, und diesbezügliche Versuche wurden auch angestellt. So schlug z. B. LODGE vor, an Stelle des einfachen Luftdrahtes große Metallflächen zu verwenden; aus praktischen wie aus wissenschaftlichen Gründen sah man jedoch bald ein, daß auch in dieser Hinsicht für die aufzunehmende Energiemenge sehr enge Grenzen gezogen waren.

Der MARCONI-Sender konnte also nur geringe Energiemengen ansammeln, und das wenige wurde sofort an die Umgebung abgegeben, viel schneller, als der Induktor neue Ladungen liefern konnte. Seine Schwingungen verklangen sofort, d. h. sie waren sehr stark gedämpft.

In ihrer Fernwirkung waren sie vergleichbar mit schwachen, kurzen Tonstößen, welche schon in relativ kleinen Entfernungen von ihrer Quelle nicht mehr vernehmbar sein konnten. Welche ganz anderen Wirkungen durfte man voraussagen, wenn es gelingen würde, mit Schwingungen zu arbeiten, welche, um in gleichem akustischem Bilde zu schildern, kräftige, langgezogene Töne erzeugten, die sonor hinüberklangen zu der anderen Station, um dort gleichgestimmte Empfangsvorrichtungen zum Mittönen anzuregen.

Unter solchen Überlegungen stand Professor BRAUN, als er seine Kraft in den Dienst der drahtlosen Telegraphie stellte, und dieselben führten ihn zunächst zu einer vollständigen Neugestaltung des Gebers, der dann für alle vorbildlich wurde.

Drittes Kapitel.

Prinzipien des Schwingungskreises von Braun.

Der im vorigen Kapitel angedeutete Übelstand einer enormen Dämpfung der Oszillationen mußte also vor allen Dingen beseitigt werden, und dies konnte nur so geschehen, daß man die Schwingungen nicht in dem Luftdraht selbst erzeugte, sondern in einem selbständigen System, in welchem elektrische Schwingungen möglichst lange aufrecht zu halten waren. Gleichzeitig war aber eine zweite wichtige Anforderung zu erfüllen, daß nämlich die neue Anordnung befähigt sein sollte, bedeutende Energiemengen zu entwickeln.

So entstand der BRAUNsche geschlossene Schwingungskreis, der äußerst intensive und relativ schwach gedämpfte Oszillationen erzeugte.

Mit Absicht wurde hier auf die Verwendung langsamer Schwingungen hingearbeitet, mit denen zwar auch MARCONI, jedoch ohne sein Wissen, zu tun hatte.

In der Physik waren langsame Schwingungen lange vor HERTZ bekannt, und eine chronologische Aneinanderreihung der Tatsachen, welche zu ihrer Entdeckung führten, sowie eine Besprechung der wesentlichsten Momente erscheint uns nunmehr gefordert, ehe wir den BRAUN-Geber selbst beschreiben und seinen Entwicklungsgang verfolgen können, ohne zu weitgehende Voraussetzungen machen zu müssen.

Viertes Kapitel.

Entladungserscheinungen von Kondensatoren.

Entladet man einen Kondensator, z. B. eine Leidener Flasche, in der durch Figur 11 angedeuteten Weise, so

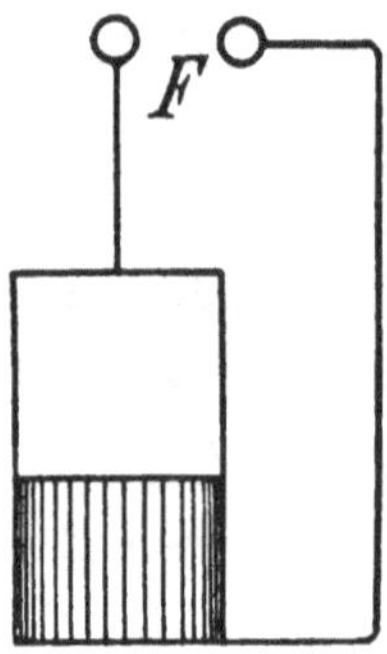

Fig. 11. Entladungskreis einer Leidener Flasche.

ist für gewöhnlich der Vorgang nicht ein einmaliger Übergang der Elektrizität durch die Funkenstrecke *F* zwischen dem inneren und äußeren Belag der Flasche. Schon 1824 beobachtete SAVARY, daß Nadeln, um welche der Entladungsstrom geleitet wurde, sehr unregelmäßig bald in dem einen, bald in dem anderen Sinne magnetisiert wurden. Im Jahre 1842 versuchte der Physiker HENRY in Washington eine Erklärung der Erscheinung, indem er in Anlehnung an die FRANKLINsche Theorie der Elektrizität eine Reflexwirkung des elektrischen Fluidums an den Belegungen der Leidener Flasche als Ursache bezeichnete, wodurch das Fluidum hin- und herpendele, bis wieder Gleichgewicht hergestellt sei.

Im Jahre 1847 sprach sich dann HELMHOLTZ bestimmt dahin aus, daß man es bei solchen Entladungen mit oszillatorischen Vorgängen zu tun haben müsse, d. h. daß die Strömung in dem Schließungsdraht etwa zuerst von dem inneren zum äußeren Belag erfolge, dann in umgekehrter Richtung, dann wieder in der ersten usw., genau wie in einer U-Röhre eine Flüssigkeit hin- und herschwinge, nachdem man ihr Gleichgewicht künstlich gestört habe.

Sechs Jahre später wurde dann das Problem gleichzeitig von Sir WILLIAM THOMSON (Lord KELVIN) in England und GUSTAV KIRCHHOFF in Deutschland unabhängig voneinander rein mathematisch angegriffen, indem sie ausgingen von dem allbekannten OHMschen Gesetz unter Berücksichtigung der Induktion des veränderlichen Stromes auf sich selbst, wodurch die sogenannte elektromotorische Kraft der Selbstinduktion hervorgerufen wird.

Beide Forscher gelangten so zu jenen berühmten Formulierungen, welche die Entladungsvorgänge und die Bedingungen, denen sie unterworfen sind, vollständig beschreiben.

Ein ungewöhnlich geschickter Experimentator, nämlich FEDDERSEN, verifizierte dann die Theorie bis in alle Einzelheiten; seine klassischen Versuche lieferten nicht nur qualitativ eine Bestätigung der HELMHOLTZschen Anschauung, sondern auch die quantitativen Resultate, auf deren Bestimmung man aber ohne die theoretischen Überlegungen wohl niemals verfallen wäre. Hier haben wir wieder ein spezifisches Beispiel, an dem die enorme Überlegenheit mathematischer Operationen zutage tritt, wodurch der Forscher in ihren Bann gezogen wird; die Symbole in ihrer Konstellation und Weiterentwicklung spiegeln auch da noch die Tatsachen und enthüllen ihre endlichen Wirkungen, wo das Vorstellungsvermögen den unaufhörlich veränderlichen Prozessen nicht mehr folgen kann.

Heute ist es nicht mehr erforderlich, die äußerst delikaten Versuchsmethoden von FEDDERSEN für solche Messungen anzuwenden, sondern ein von HELMHOLTZ später angegebenes Instrument, das sogenannte „HELMHOLTZ-Pendel“ gibt ein sehr einfaches Mittel, den zeitlichen Verlauf der Entladungs- und Ladungserscheinungen von Kondensatoren zu verfolgen.

Viele Physiker haben auf diese Weise das interessante Gebiet nach allen Richtungen hin durchforscht und vor allem den Ausdruck für die Schwingungsdauer in weiten Grenzen geprüft; derselbe steht mit den experimentellen Ergebnissen in völliger Übereinstimmung.

Die einfache Formel dafür ist grundlegend für die Berechnungen in der drahtlosen Telegraphie und soll deshalb hier Platz finden. Es ist die Schwingungsdauer $T = 2\pi\sqrt{LC}$, worin L die Selbstinduktion, C die Kapazität und π die bekannte Zahl 3,14159 . . . bedeuten.

Hat man in dieser Weise die Schwingungsdauer festgestellt, so erhält man, wie früher schon auseinandergesetzt, durch Multiplikation mit der Maßzahl für die große Fortpflanzungsgeschwindigkeit auch sofort den Wert für die jeweilige Wellenlänge.

Aus den theoretischen Ableitungen ergibt sich aber noch u. a. die wichtige Feststellung, daß der Entladungsvorgang durchaus nicht immer oszillatorisch zu sein braucht, sondern auch aperiodisch verlaufen kann. Diese auch experimentell bestätigte Tatsache ist von eminenter Bedeutung für die drahtlose Telegraphie, denn nur die Oszillationen vermögen im Äther elektromagnetische Wellen zu erregen.

Die Grenze, an welcher der periodische in den aperiodischen Vorgang übergeht, ist festgelegt durch die sehr einfache Beziehung

$$W = 2\sqrt{\frac{L}{C}} \text{ oder also } W^2 = 4\,\frac{L}{C}$$

worin W den Gesamtwiderstand der elektrischen Schwingungsbahn bedeutet; das vierfache des Verhältnisses von Selbstinduktion und Kapazität ist also proportional dem Quadrat des Widerstandes im Stromkreise.

Nur wenn der Widerstand der Schwingungsbahn unterhalb des numerischen Wertes liegt, welchen die Ausrechnung der rechten Seite der Gleichung ergibt, so erhält man Oszillationen, und es liegt auf der Hand, daß man sich am besten so weit wie möglich von dieser Grenze entfernt hält.

Ist der Widerstand der Entladungsbahn der Leidener Flasche (Figur 11) sehr groß, d. h. liegt er oberhalb der kritischen Grenze, so sinkt bei der Entladung die Spannungsdifferenz zwischen den Belegungen allmählich auf Null, und zwar um so langsamer, je größer der

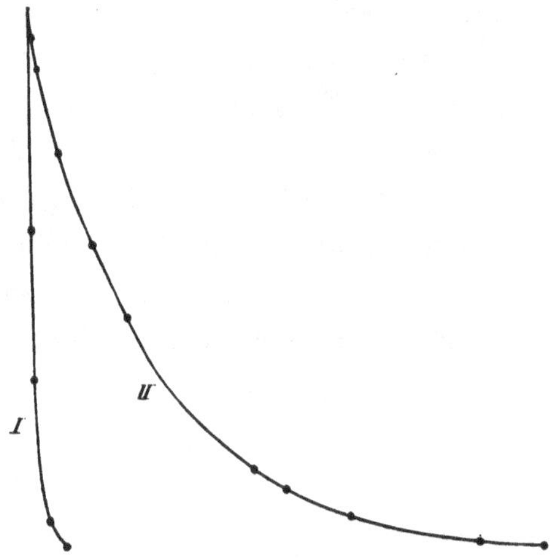

Fig. 12. Zeitlicher Verlauf aperiodischer Entladungen.

Widerstand ist; dabei bildet sich ein einmaliger Strom, der von Null bis zu einem größten Wert anwächst und dann wieder auf Null sinkt.

Von solchen aperiodischen Entladungen bei zwei verschiedenen Widerständen gibt Figur 12 ein anschauliches Bild.

Auf einer horizontalen Geraden sind gleiche Teile markiert, welche gleichen Zeitabschnitten entsprechen sollen; in den Endpunkten der Intervalle sind Senkrechte errichtet, auf denen Längen aufgetragen sind proportional der jeweiligen Potentialdifferenz zu der betreffenden Zeit. Kurve I entspricht also einer Entladung bei relativ kleinem, aber immer noch oberhalb der kritischen Grenze liegendem Widerstand; für Kurve II war der Widerstand schon bedeutend größer.

In gleicher Weise können wir uns auch von einer Oszillation ein gutes Bild durch graphische Darstellung machen. Nehmen wir zunächst an, es sei überhaupt

Fig. 13. Ungedämpfte Sinusschwingung.

kein Widerstand bezw. keine Dämpfung vorhanden, so müßte eine einmal eingeleitete Schwingung ad infinitum fortdauern, d. h. wir würden zu allen Zeiten dasselbe Bild haben, welches uns Figur 13 graphisch vor Augen führt; wir hätten eine einfach harmonische und unbegrenzt fortdauernde Bewegung charakterisiert.

Das ist natürlich praktisch eine Unmöglichkeit; in Wirklichkeit werden die Potentialdifferenzen immer kleiner und kleiner, wie es Figur 14 zeigt, die dem wirklichen Vorgang angemessen ist. Die Kurven Fig. 12 und 14 sind experimentell aufgenommen worden unter Benutzung eines, von meinem hochverehrten früheren Lehrer Professor KLEINER in Zürich angegebenen, verbesserten HELMHOLTZ-Pendels. Es ist dieselbe Erscheinung, wie wir solche früher bei einer Pendelschwingung besprochen haben; die Schwingunsweite des Pendels, oder wie man sagt, seine Amplitude, nimmt immer mehr ab, bis vollständige Ruhe eingetreten ist. Den Amplituden entsprechen die Potentialdifferenzen und man bezeichnet in beiden Fällen den Vorgang als eine gedämpfte Sinus-Schwingung. Das Verhältnis zweier aufeinanderfolgenden Amplitudenwerte ist also das Maß für die Dämpfung, die um so größer wird, je mehr der Widerstand wächst;

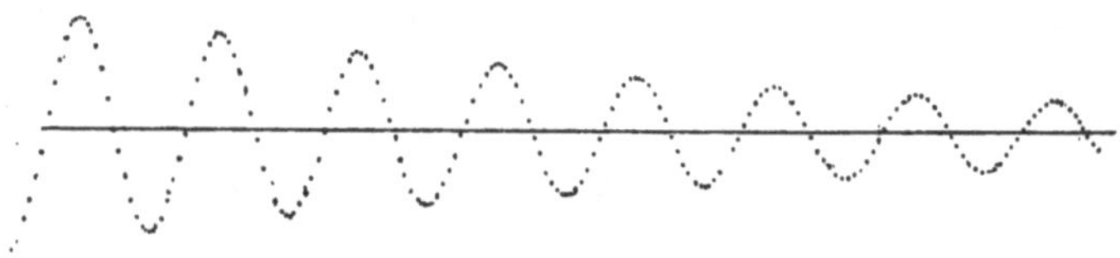

Fig. 14. Gedämpfte Sinusschwingung.

außerdem hängt aber in praxi die Dämpfung auch noch von Energieverlusten ab, die wir im nächsten Kapitel besprechen werden, so daß meistens der Abfall der Amplitudenwerte noch viel schneller vor sich geht und nach wenigen Oszillationen die Ruhelage erreicht ist.

Ebenso wie die Potentialdifferenzen werden auch die Stromintensitäten immer kleiner, deren Maxima, wie wir früher erkannten, mit den Nullwerten des Potentials und vice versa zusammenfallen.

Bei der oszillatorischen Entladung der Leidener Flasche ladet sich dieselbe also viele Male wieder und jedesmal in umgekehrtem Sinne; die Ladungen werden jedoch immer schwächer und schwächer, bis sie endlich völlig erloschen sind und der Ruhezustand eingetreten ist.

Die folgende Figur 15 kennzeichnet den Zusammenhang des zeitlichen Abfalls des Potentials und der Stromintensität; die ausgezogene Linie ist den fallenden Potentialwerten, die gestrichelte Linie den abnehmenden Stromintensitätswerten zugehörig.

Noch ein Wort über die Schwingungsdauer. Beim Pendel ist die Dauer der einzelnen Schwingungen, trotzdem die Amplituden immer kleiner werden, stets die gleiche. — Genau so verhält es sich auch in electricis;

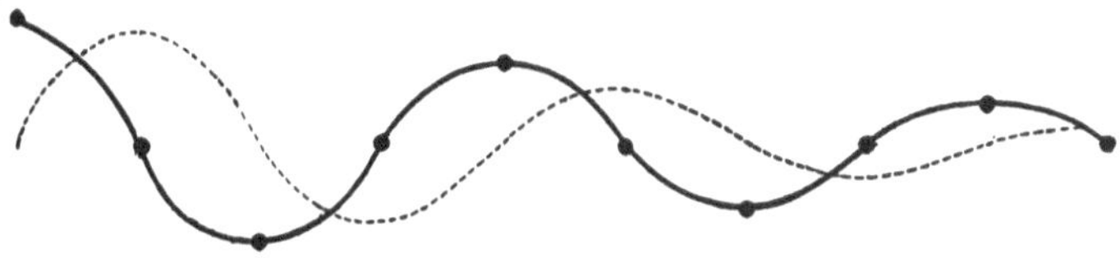

Fig. 15. Spannungs- und Strömungsverlauf bei gedämpfter Schwingung.

die elektrischen Oszillationen sind ebenfalls, wie man zu sagen pflegt, isochron. In der Tat zeigt die Formel für die Schwingungsdauer, welche den Widerstand gar nicht enthält, daß dieselbe nur bestimmt ist durch die Selbstinduktion und Kapazität, ja, vorstehende vergleichende Erörterungen setzen uns in die Lage, die Formel für die Schwingungsdauer sofort niederzuschreiben, ohne solche aus den THOMSON-KIRCHHOFFschen mathematischen Ableitungen zu entnehmen, denen die speziellen elektrischen Vorgänge zugrunde liegen.

Es ist nämlich für eine einfach harmonische Bewegung die Schwingungsdauer $T = 2\pi \sqrt{\frac{m}{k}}$, worin m

den Trägheitskoeffizienten und k den Elastizitätskoeffizienten bedeuten. Eine kurze Überlegung unter Hinzuziehung früherer Betrachtungen läßt uns sofort den Schluß ziehen, daß dem Trägheitskoeffizienten die Selbstinduktion entspricht.

Anderseits wächst bekanntlich die Kapazität z. B. einer Leidener Flasche, je dünner man das Diëlektrikum zwischen den Belegungen nimmt, je geringer also die elastische diëlektrische Reaktion beim Laden der Flasche ist, so daß der gleiche Druck eine weit größere Elektrizitätsmenge in die Flasche gewissermaßen hineinpressen kann, als wenn das Glas dickwandig ist. Die Kapazität entspricht also dem reziproken Wert des Elastizitätskoeffizienten.

Machen wir nun diese entsprechenden Substitutionen, so gelangen wir zu der uns bereits bekannten Formel für die elektrische Schwingungsdauer: $T = 2\pi\sqrt{LC}$.

Solche Vergleiche entsprechen dem natürlichen Bedürfnis des Forschers nach einer einheitlichen mechanischen Naturerklärung und sind gewiß mehr als bloße Analogien.

Fünftes Kapitel.

Der Braun-Geber.

Wir sind nunmehr vorbereitet, unsere eigentlichen Betrachtungen fortzusetzen, und wenden wir zunächst unser Interesse dem schon erwähnten Braunschen geschlossenen Schwingungskreis zu, in welchem die Oszillationen erzeugt werden.

Figur 16 zeigt schematisch die Anordnung; dieselbe enthält als Repräsentanten der Kapazitäten C_1 C_2 zwei Gruppen von Leidener Flaschen, deren äußere Belegungen durch einen metallischen Kreis von der Selbstinduktion L miteinander verbunden sind, deren innere Belegungen in Verbindung stehen mit einer Funken-

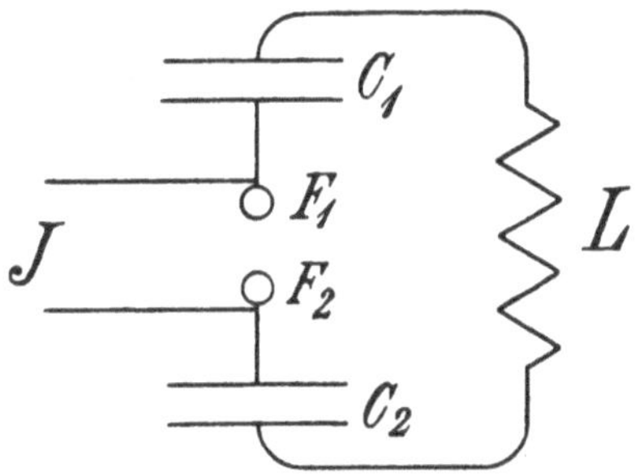

Fig. 16. BRAUNs geschlossener Schwingungskreis.

strecke F_1 F_2; die Pole der letzteren sind angeschlossen an die Pole der sekundären Wicklung eines Induktoriums J, welches als Elektrizitätsquelle fungiert. Dasselbe ladet also die Flaschen, und sobald die Entladung durch die Funkenstrecke stattfindet, setzen die Schwingungen ein und nehmen den im vorigen Kapitel beschriebenen Verlauf.

Die Energie dieses Systems hängt natürlich auch wieder von seiner Kapazität und dem Funkenpotential ab; würde das letztere dasselbe bleiben wie bei dem MARCONI-Geber, so hätten wir jetzt doch ganz unvergleichlich größere Kapazitäten zur Verfügung, denn bekanntlich kann man in Leidener Flaschen ganz gewaltige Elektrizitätsmengen aufspeichern. Anderseits läßt sich aber auch die Funkenstrecke, also auch das Entladungspotential, größer nehmen, ohne daß der Widerstand zu groß und deshalb der Funke unwirksam wird, weil nämlich der Funkenwiderstand von den passierenden Elektrizitätsmengen abhängig ist, die hier enorm sind und so den Widerstand beträchtlich reduzieren. Immerhin ist sein dämpfender Einfluß auf die Schwingungen wohl merkbar, und die Beseitigung der Funkenstrecke aus dem Entladungskreis ist ein wichtiges Problem in der drahtlosen Telegraphie, dessen Lösung zu erstreben ist, um möglichst ungedämpfte Schwingungen zu erzielen.

Wie bei dem Pendel die Reibung, so bestimmt in diesem Schwingungskreis hauptsächlich der Widerstand der Entladungsbahn die Dämpfung der elektrischen Oszillationen; der weitaus größte Anteil entfällt davon auf die Funkenstrecke, wo sich entsprechende Energieverluste ausbilden, indem Energie nutzlos in Licht und Wärme umgewandelt wird.

Im allgemeinen beeinflußt aber noch ein weiterer wichtiger Faktor die Dämpfung, nämlich die Strahlung, und gerade in dieser Hinsicht gelangen wir zur Feststellung einer zweiten grundlegenden Verschiedenheit zwischen den Systemen von Braun und Marconi.

Der Braunsche Schwingungskreis ist bei der Entladung vollständig in sich geschlossen und besteht so gewissermaßen aus zwei symmetrischen Hälften, in denen die gleiche Elektrizitätsmenge sich in entgegengesetztem Sinne bewegt; da dies auch fast absolut gleichzeitig geschieht, so müssen die Wirkungen nach außen sich fast vollständig aufheben, besonders da die Bahn sehr klein ist im Verhältnis zur Wellenlänge, und in der Tat kann man schon in allernächster Nähe keine Ausstrahlung elektrischer Kraft mehr konstatieren.

Am besten vergleicht man den geschlossenen Schwingungskreis mit einer Stimmgabel, die man frei in der Hand hält. Die beiden Zinken nehmen beim Anschlagen sehr viel Energie auf, aber da sie stets gleichzeitig nach entgegengesetzter Richtung schwingen, so vernichten sie gegenseitig ihre Wirkung nach außen, und man muß bekanntlich die Stimmgabel sehr nahe an das Ohr halten, um einen schwachen Ton zu hören.

Sind sonst Energieverluste nach Möglichkeit vermieden, so müssen in einem solchen Kondensatorkreis eingeleitete Schwingungen eine relativ lange Zeit anhalten, d. h. wir haben es mit kräftigen, ungedämpften Oszillationen zu tun.

Anderseits aber ist ein solcher geschlossener Schwingungskreis für die Ausstrahlung der Energie, d. h. für Fernwirkungen absolut untauglich. Dazu eignet sich nur die geradlinige offene Strombahn eines HERTZschen Oszillators, welchen MARCONI benutzte.

Dieser strahlt genau wie eine Lichtquelle, nur mit dem Unterschied, daß seine Schwingungen, welche durch die Lage des Luftdrahtes in einer bestimmten Ebene erfolgen, in einer zu dieser senkrechten Ebene eine besonders starke Ausstrahlung bewirken, während solche beim Licht nach allen Richtungen gleich ist. — Bei diesem Oszillator sind also die Schwingungen durch Ausstrahlung enorm gedämpft, wie wir es schon früher erkannt haben.

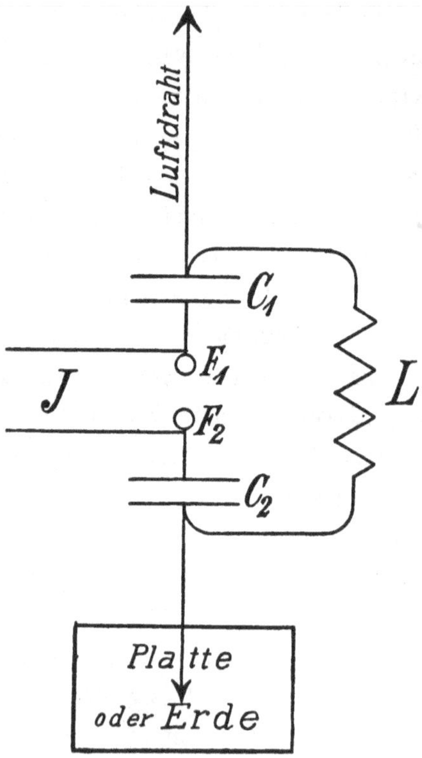

Fig. 17. Direkte Kopplung.

Eine Verbindung des geschlossenen Schwingungskreises mit der offenen Strombahn mußte notwendigerweise zu ganz anderen Leistungen, als sie MARCONI erzielt hatte, führen.

Der BRAUNsche Kondensatorkreis, bei dem übrigens die magnetischen Oszillationen die primäre Wirkungsursache sind, erfüllt dabei die Funktion eines enormen Energiereservoirs, welches dem offenen elektrischen

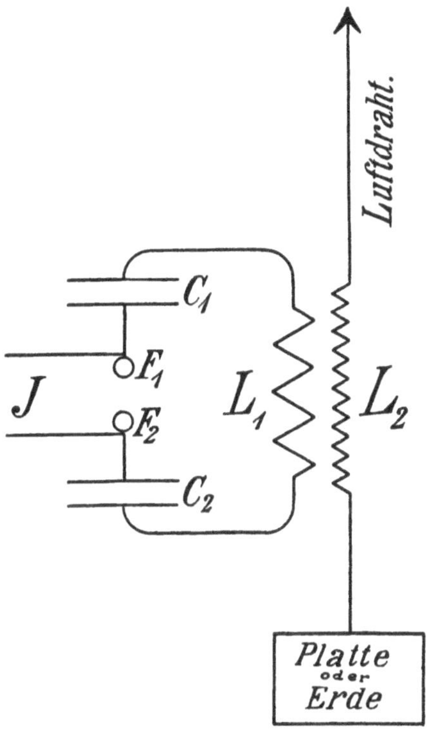

Fig. 18. Indirekte oder elektromagnetische Kopplung.

Oszillator die stark ausstrahlende Energie unaufhörlich nachliefert.

Professor BRAUN hat für die Verbindung des geschlossenen mit dem offenen Oszillator zwei Methoden angegeben, welche die umstehenden Figuren 17 und 18 veranschaulichen, nämlich die „direkte“ und die „indirekte“ oder elektromagnetische Kopplung.

Bevor wir Einzelheiten darüber erörtern, wollen wir zunächst noch einem weiteren wichtigen Gesichtspunkt unsere Aufmerksamkeit zuwenden, auf welchen Professor BRAUN ebenfalls sofort hinwies, nämlich der Berücksichtigung der Resonanz, welche zwischen der geschlossenen und offenen Strombahn erzielt werden kann.

Vorbedingung für jede Resonanz ist eine möglichst geringe Dämpfung der erregenden Schwingung und diese Bedingung kann man in der BRAUNschen Anordnung in genügendem Maße als erfüllt ansehen.

Die Ausbildung der Resonanz beruht bekanntlich auf dem Phänomen des Mitschwingens. Setzt man eine Stimmgabel fest auf eine Tischplatte, so überträgt ihr sich auf- und niederbewegender Stiel die Schwingungen auf die Tischplatte und durch diese auf die Luft, welche dann einen laut vernehmbaren Ton an unser Ohr befördert. Solche Schwingungen nennt man erzwungene Schwingungen. Befestigt man nun aber die Stimmgabel auf einem Resonanzkasten, der denselben Eigenton wie die Stimmgabel hat, so erhalten wir Resonanzschwingungen und der Ton wird ganz bedeutend verstärkt. Selbstredend erschöpft sich aber auch der Energievorrat bei dieser maximalen Abgabe am schnellsten, und letztere ist nur möglich bei vollkommenem Isochronismus der Schwingungen.

Das Akustische läßt sich nun ohne weiteres ins Elektrische übertragen.

In jedem Falle zwingt der geschlossene Schwingungskreis seine Eigenschwingung dem mit ihm verbundenen Luftdraht auf; soll aber maximale Energieausstrahlung erzielt werden, so darf die Länge des letzteren nicht willkürlich sein, sondern muß ein Viertel der Wellenlänge des Schwingungskreises betragen, denn der Luftdraht schwingt ja immer so, daß seine vierfache Länge gleich der Wellenlänge ist.

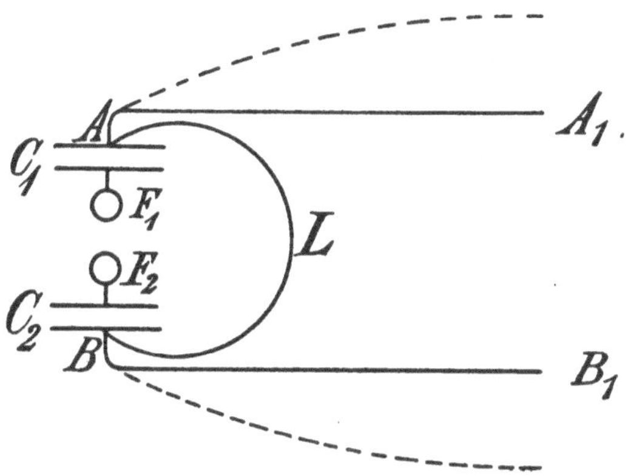

Fig. 19. Resonanzschwingungen.

Es entspricht nun also der geschlossene Schwingungskreis der Stimmgabel, und der Luftdraht dem Resonanzboden von gleichem Eigenton.

An der vorstehenden Figur 19 kann man sich die Ausbildung der Resonanz und ihre Bedeutung klar machen.

Wie bei der direkten Schaltung legen wir den Luftdraht und einen gleichlangen „Symmetriedraht", dessen Bedeutung wir später zu diskutieren haben, an die äußern Belegungen der Leidener Flaschen C_1 C_2. Finden nun die Entladungen durch die Funkenstrecke F_1 F_2 und den Schließungsbogen A L B statt, so rufen ihre periodischen Potentialschwankungen auch auf den Drähten solche hervor; sind letztere in ihrer Länge jeder gleich ein Viertel der Wellenlänge des geschlossenen Schwingungskreises, so erzielen wir maximale Potentialamplituden; bei A und B befinden sich Spannungsknoten, bei A_1 und B_1 Spannungsbäuche. Führt man eine regulierbare Funkenstrecke, deren einer Pol an Erde gelegt ist, längs der Drähte vorbei, so werden die Funken immer länger und er-

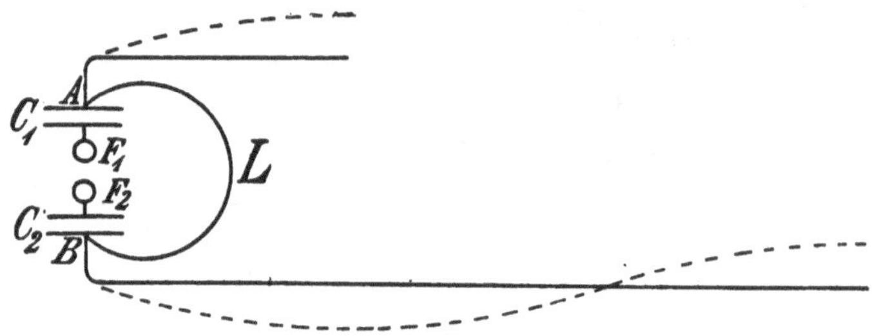

Fig. 20. Resonanzschwingungen.

reichen an den freien Enden A_1 B_1 den fünf- bis zehnfachen Wert als die Funkenlänge in F_1 F_2 beträgt; ein schlagender Beweis, daß wir es mit Resonanz zu tun haben, welche die Wirkungen summiert.

Verstimmen wir den geschlossenen Schwingungskreis oder vergrößern wir seine Dämpfung, etwa dadurch, daß wir ein Stück des Schließungsbogens durch ein Stück von höherem Widerstand ersetzen, so sinkt sofort die Intensität der Resonanzschwingungen in den Ansätzen, wodurch uns die Abhängigkeit klar vor Augen geführt wird.

In Figur 19 und in Figur 20 veranschaulichen die gestrichelten Linien die Potentialverteilung auf den Drähten und besonders in der Anordnung Figur 20, bei welcher der eine Ansatz die dreifache Länge bekommen hat, tritt die ge-

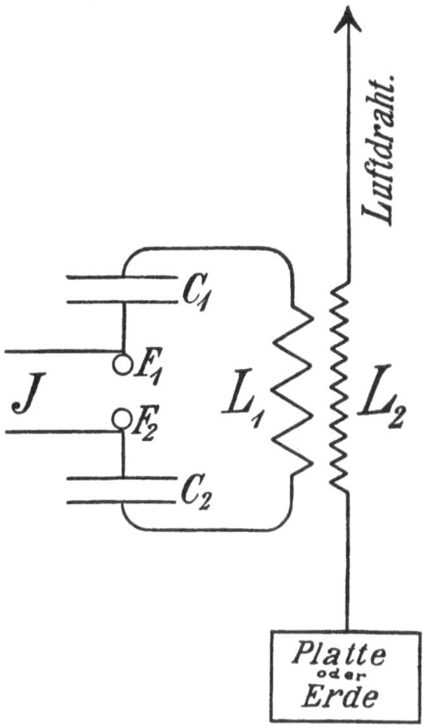

Fig. 21. Indirekte oder elektromagnetische Kopplung.

setzmäßige Ausbildung von Spannungs-Knoten und -Bäuchen entsprechend der Wellenlänge des Systems deutlich zutage.

Die Schwingungen wachsen also allmählich durch Resonanz auf ihren höchsten Wert an, und wenn wir es dahin gebracht haben, daß der Luftdraht ebensoviel Energie ausstrahlt, wie der geschlossene Schwingungskreis nachliefert, so haben wir die maximale Leistungsfähigkeit unseres Systems erreicht.

Den soeben besprochenen Resonanzversuchen hatten

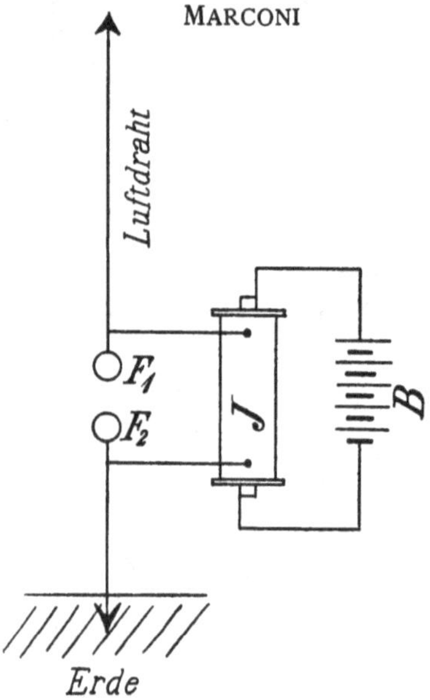

Fig. 22a. MARCONI-Geber.

wir BRAUNS sogenannte „direkte“ Schaltung zugrunde gelegt, bei welcher der Luftdraht direkt metallisch an den Schwingungskreis angelegt wird. Der Luftdraht kann aber auch noch in anderer Weise erregt werden, nämlich durch Induktion, wie es in der „indirekten“ oder elektromagnetischen Schaltung geschieht.

Diese Kopplung, welche wir in Figur 21 nochmals vorführen, bietet noch weitere wesentliche Vorteile gegenüber der direkten Kopplung und wird jetzt fast ausschließlich benutzt.

Der geschlossene Schwingungskreis ist in der gleichen

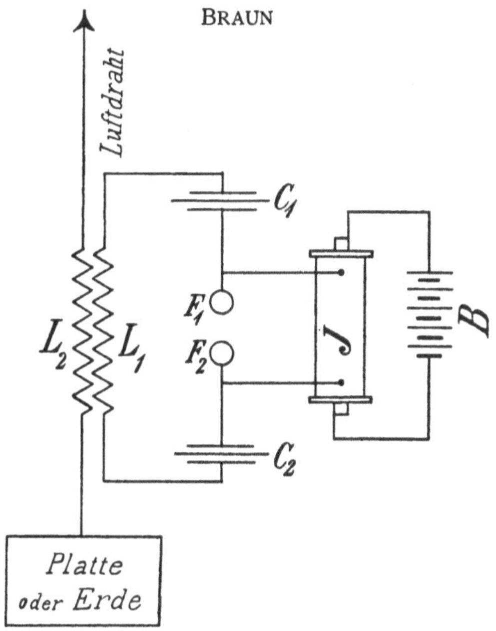

Fig. 22b. BRAUN-Geber.

Weise konstruiert wie bei der direkten Schaltung, jedoch vollständig von den Ansätzen losgelöst. Der Schließungsbogen mit mehreren Windungen von der Selbstinduktion L_1 bildet die primäre Spule eines Transformators, dessen Sekundärspule L_2 mit den Ansätzen — Luftdraht einerseits und Metallplatte oder Erde anderseits — verbunden ist.

Die Schwingungen des geschlossenen primären Kondensatorkreises werden also durch Induktion auf dieses sekundäre Gebilde übertragen, dessen Eigenperiode wieder übereinstimmen muß mit derjenigen des primären Entladungskreises, um maximale Intensität zu erzielen.

Diese letztere Anordnung bildet in prinzipieller Hinsicht den Abschluß des Entwicklungsstadiums des BRAUN-Gebers, den wir in Figur 22 nochmals bildlich dem MARCONI-Geber gegenüberstellen, indem wir den Unterschied kurz in folgenden Worten zusammenfassen.

MARCONI verwendete eine offene Strombahn, d. h. einen HERTZschen Oszillator; seine Energiekapazität ist gering und dadurch die Energiezuführung begrenzt. Die Schwingungen sind deshalb stark gedämpft; ihre Amplituden fallen rapide, und auf jede Entladung kommen höchstens zwei bis drei Schwingungen. Der Effekt ist also kurzen stoßartigen Erschütterungen vergleichbar.

BRAUN erzeugt die Schwingungen in einem geschlossenen Kondensatorkreis von enormer Energiekapazität, und solche sind deshalb relativ schwach gedämpft. Zum Ausstrahlen dient die offene Strombahn; sie ist in ihren elektrischen Dimensionen auf Resonanz mit dem geschlossenen Kreis bemessen, um die Energieabgabe auf ein Maximum zu bringen. In dem Maße aber, wie die Energie ausstrahlt, wird solche von dem Energiereservoir des primären Schwingungskreises nachgeliefert. Bei der jetzt fast ausschließlich gebräuchlichen elektromagnetischen, d. h. induktiven Kopplung ist das offene sekundäre Gebilde eine ununterbrochene metallische Bahn, auf der neben der nutzbaren Strahlung sonstige Energieverluste fast nicht vorhanden sind. Wir erhalten eine größere Anzahl Schwingungen auf jede Entladung und der Effekt ist einem kräftigen reinen musikalischen Ton vergleichbar.

Sechstes Kapitel.

Der Braun-Empfänger.

Die gewonnenen Einsichten führten naturgemäß dazu, daß auch im Empfänger die alten MARCONI-Anordnungen bald verworfen wurden. — Die Realisation einer möglichst vollkommenen Resonanz bildete auch hier das Leitmotiv, sowohl hinsichtlich der Syntonie zwischen Sender und Empfänger, wie auch bezüglich der Konstruktion der Empfangsanordnungen selbst.

Mit einem Wort, der Empfänger mußte das Spiegelbild des Gebers sein.

Zwei gleiche auf Resonanzböden befestigte Stimmgabeln, wie in Figur 23, bilden ein sehr präzises akustisches Analogon für die elektrischen Vorgänge; streicht man eine derselben an, so wird vermittels der Resonanzkasten und der Luft die Bewegung auf die zweite Stimmgabel übertragen. Die Energie der stets im gleichen Takt erfolgenden schwachen Einzelimpulse häuft sich so allmählich in der zweiten Stimmgabel an, und trotz ihrer schweren Masse kommt sie bald zum Mitschwingen; sie tönt weiter, wenn auch die erste erregende Stimmgabel schon zur Ruhe gebracht ist.

Bedingung ist natürlich, daß die Bewegungsimpulse stets in dem gleichen Sinne erfolgen, in welchem die zweite Stimmgabel schwingen will, d. h. es muß vollständiger Isochronismus der Schwingungen vorhanden sein.

Ersetzt man die Stimmgabeln durch geschlossene elektrische Schwingungskreise, die Resonanzkasten durch Luftdrähte, welche auf Resonanz dimensioniert sind, ferner

Fig. 23. Akustische Resonanz.

die Luft durch den Äther, so gelangen wir zu den prinzipiellen Anordnungen der drahtlosen Telegraphie.

Die Notwendigkeit der Syntonie zwischen Sender und Empfänger kann man übrigens aber auch direkt elektrisch durch eine sichtbare Wirkung demonstrieren, wenn man sich zweier Leidener Flaschenkreise bedient, wie in Figur 24.

Beide Flaschen haben fast gleiche Kapazität; im rechten Flaschenkreis kann durch Verschieben eines metallischen Bügels *B* die Selbstinduktion der Strombahn so reguliert werden, daß das Produkt aus dieser Selbstinduktion und der Kapazität, welches bekanntlich das Maß für die Schwingungsdauer bildet, numerisch gleich wird dem Produkt derselben Konstanten des linken Flaschenkreises; der letztere ist nicht ganz geschlossen, sondern enthält eine Funkenstrecke *F*, wodurch es möglich gemacht ist, die Flasche zu laden.

Sind nun die beiden Stromkreise genau aufeinander abgestimmt und wird die linke Flasche geladen und entladen, d. h. erzeugt man einen elektrischen Ton, so ent-

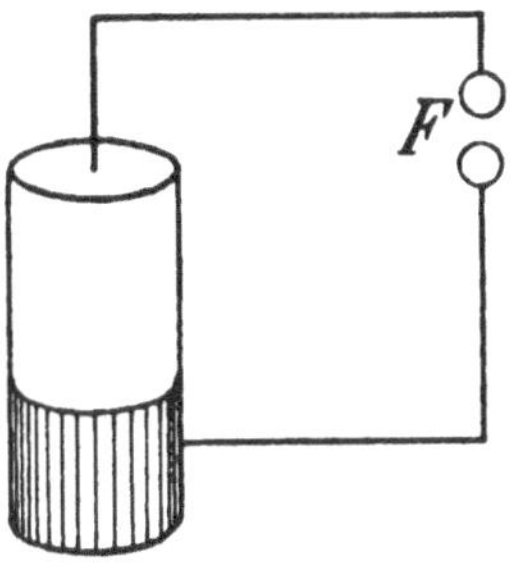

Fig. 24a.

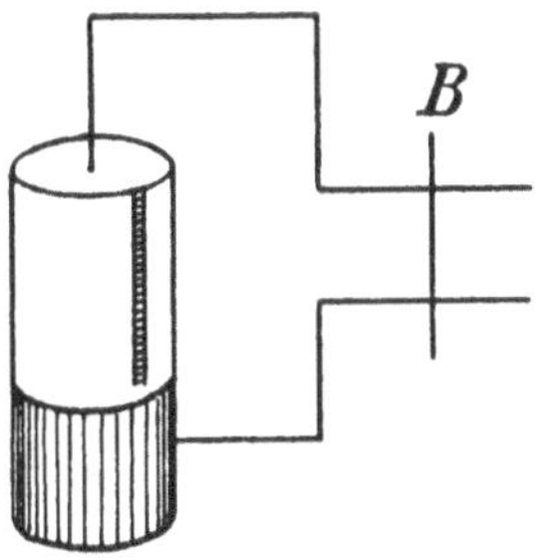

Fig. 24b.

Elektrische Resonanz.

stehen auch in dem rechten Flaschenkreis Schwingungen, die allmählich so heftig werden, daß die Flasche „überläuft“; diese Erscheinung ist unmittelbar wahrnehmbar, wenn der Glasrand sehr niedrig ist, doch wird solche sehr eklatant, wenn man, wie in der Figur ersichtlich, bei der rechten Flasche einen Stanniolstreifen von dem inneren Belag über den Rand hinüber bis kurz vor den äußeren Belag führt. In dem kleinen Zwischenraum zwischen letzterem und Stanniolstreifen prasseln dann heftig elektrische Funken über, die schwächer werden und ganz verschwinden, wenn man den Bügel *B* nach links oder rechts aus seiner günstigsten Lage verschiebt.

Wir haben die letzten Worte absichtlich so unbestimmt gewählt, um auszudrücken, daß bei dem elektrischen System der Synchronismus der Schwingungen kein absoluter zu sein braucht, um das Phänomen des Mitschwingens hervorzubringen, ja die Grenzen, innerhalb welcher der Bügel *B* verschoben werden kann, sind sogar ziemlich weit. Trotzdem wir es mit geschlossenen Schwingungskreisen zu tun haben, ist eben im Vergleich zu dem akustischen Phänomen, wo schon eine ganz minimale Verstimmung zwischen den Stimmgabeln das Mittönen aufhebt, die Dämpfung noch geradezu horrend, und in strengem Sinne sind wir noch sehr weit davon entfernt, den „geschlossenen Schwingungskreis mit Luftdraht" in Parallele zu setzen zu „Stimmgabel mit Resonanzboden".

Auf verschiedenen Pfaden strebt man in letzter Zeit dem sichtbaren Gipfel zu, aber ein bequemer Weg will sich noch nicht erschließen; vielleicht sehen wir ihn vor uns .... wenn wir oben sind.

Was die prinzipielle Konstruktion der Empfangsdispositionen selbst angeht, so trifft der vorher benutzte Ausdruck nicht ganz zu, daß dieselben das Spiegelbild des Senders seien. In diesem Falle hätten wir von dem Luftdraht aus einen Kondensatorkreis von großer Kapazität und kleiner Selbstinduktion induktiv zu erregen und in demselben den Kohärer anzubringen; allein dieser reagiert nicht auf große Stromstärken, welche sich unter dieser Bedingung ausbilden würden, sondern auf Potentialdifferenzen. Man verfährt deshalb so, wie es Figur 25 rein schematisch wiedergibt. Die Ansätze werden direkt mit dem Schwingungskreis gekoppelt, der relativ große

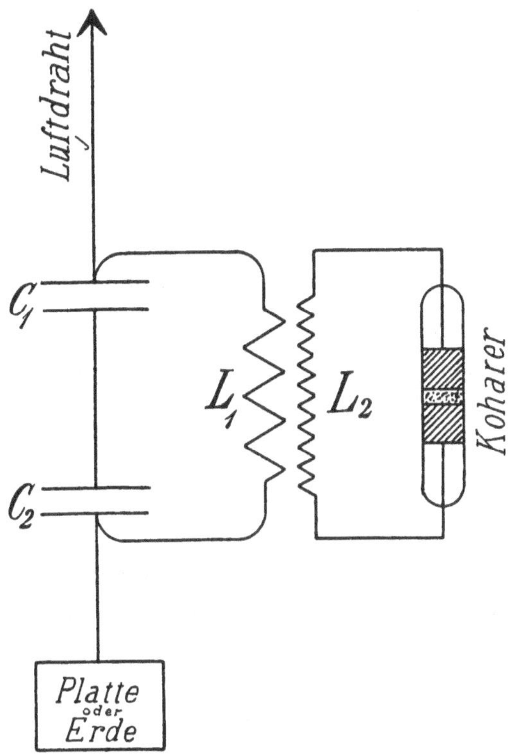

Fig. 25. BRAUN-Empfänger.

Kapazitäten C_1 C_2 und kleine Selbstinduktion L_1 enthält; dann transformiert man auf eine Spule mit hoher Selbstinduktion L_2 und schließt in diesem sekundären Kreis den Kohärer an. — Dieses ist das leitende Prinzip; zu einer gründlichen Analyse der Dispositionen kommen wir im dritten Teil dieses Buches.

Ist auch in diesen relativ ungedämpften Empfangsdispositionen die Ausbildung der Resonanz zwischen Schwingungskreis und Luftdraht realisiert und besitzt das System die gleiche Eigenperiode wie die vom Sender kommenden Schwingungen, so integriert es die stets im gleichen Takt isochron erfolgenden Impulse und gerät, elektrisch-akustisch gesprochen, ins Tönen, wie die resonierende Stimmgabel. Die angesammelte Energie wird dann auf den Kohärer in der für ihn geeignetsten Form konzentriert. — Es liegt auf der Hand, daß gleichzeitig auf diese Weise für abweichende Schwingungen die Aufnahmefähigkeit geradezu aufgehoben oder wenigstens stark reduziert werden muß.

Professor Braun hat also durch seine Anordnungen nicht nur ganz erheblich größere Fernwirkungen als vorher Marconi erzielt, sondern auch den Weg gewiesen für die so überaus wichtige abgestimmte drahtlose Telegraphie, die dann auf den großen Ostsee-Versuchsstationen, zu welchen wir nunmehr den Leser führen wollen, zu einer sicheren Mehrfachtelegraphie entwickelt wurde.

DRITTER TEIL.

Erstes Kapitel.

Eigne Versuche.

In den bisherigen Ausführungen hatten wir den Ursprung und die Grundprinzipien der modernen drahtlosen Telegraphie vermittels elektrischer Wellen klarzulegen versucht. — Wir wenden uns nunmehr speziellen Fragen zu, um zu erkennen, welche besonderen Bedingungen an die möglichst vollkommene Verwirklichung der wissenschaftlichen Prinzipien geknüpft sind, und wie weit solche zu erfüllen waren. — Wir schlagen dabei den Weg ein, daß wir an Hand von ausgeführten Messungen und Versuchen unter gleichzeitiger Beschreibung der praktischen Ausführungsformen der Apparate und ihrer zweckmäßigen Anordnungen dem Leser den successiven Aufbau einer kompletten Station vor Augen führen.

Zweites Kapitel.

Der Sender oder Geber.

Wir beginnen mit der Zusammenstellung des geschlossenen Schwingungskreises, in welchem die Oszillationen erzeugt werden, deren Dauer bis auf einen konstanten Faktor proportinal ist dem geometrischen Mittel aus Kapazität und Selbstinduktion, wie wir es im zweiten Teil auseinandergesetzt haben.

Das Schema in Figur 21 zeigte zwei Kapazitäten $C_1 C_2$, und die folgende Abbildung (Fig. 26) veranschaulicht die praktische Ausführungsform, das sogenannte Flaschensystem. Ein Gestell enthält zwei, bei der Entladung hintereinander geschaltete Gruppen von Leidener Flaschen, und in jeder Gruppe sind etwa 20 Flaschen parallel geschaltet, welche in Röhrenform ausgeführt und herausnehmbar sind.

Auf diese Weise hat man nicht nur große, sondern auch in weiten Grenzen veränderliche Kapazitäten zur Verfügung.

Die inneren Belegungen führen zu der vorne sichtbaren Funkenstrecke, welche in ein Glasrohr mit zwei Ebonitdeckeln eingeschlossen ist, um das lästig werdende Geräusch des knatternden Funkens zu dämpfen. Die äußeren Belegungen sind verbunden durch eine Spule, die so dimensioniert ist, daß ihre Selbstinduktion zusammen mit der Kapazität des Flaschensystems eine bestimmte Wellenlänge liefert.

Diese im Schema mit L_1 bezeichnete Primärspule überträgt durch Induktion die Schwingungen auf die Sekundärspule L_2, welche einerseits mit dem Luftdraht, anderseits mit Metallplatte oder Erde in Verbindung steht.

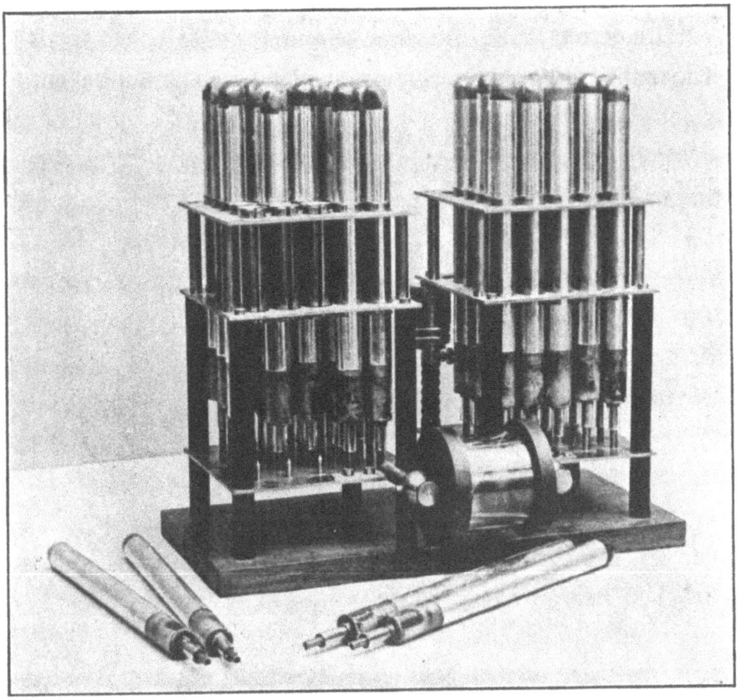

Fig. 26. Leidener Flaschensystem.

Primär- und Sekundärspule sind zusammen in ein Bad von ausgekochtem Paraffinöl gestellt und das Ganze bezeichnet man als den Transformator, welcher in Figur 27 abgebildet ist. Die vorzügliche Isolation durch das Paraffinöl ist erforderlich wegen der auftretenden enormen Spannungen, welche aber bei diesen schnell schwingenden Strömen bekanntlich physiologisch unwirksam sind; zu den Annehmlichkeiten gehört jedoch eine zufällige Berührung der Sekundärpole, welche an den hörnerförmigen Ebonitröhren sitzen, gerade nicht.

In erster Linie interessieren uns also die Werte der Kapazität und Selbstinduktion, welche uns genau bekannt

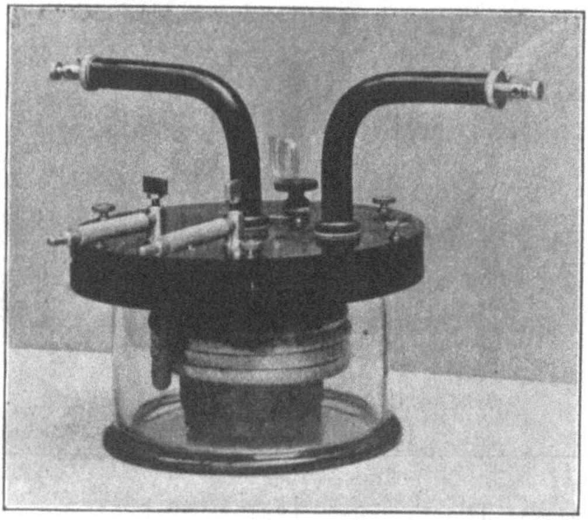

Fig. 27. Transformator.

sein müssen, wenn wir eine Bestimmung der Wellenlänge machen wollen.

Eine Berechnung der Kapazität erscheint wegen der Ungleichmäßigkeit der Verhältnisse von vornherein ausgeschlossen und man ist auf Messungen angewiesen. Bei Kondensatoren mit idealen Eigenschaften der Luft- oder Paraffinkondensatoren gibt die bequeme statische Methode sichere Werte, und eine Reduktion auf die

„dynamische“ Kapazität, d. h. eine Korrektion wegen der differenten elektrischen Verteilung im Kondensator während der Schwingungen, ist in der Regel nicht erforderlich. Die Leidener Flaschen sind aber nichts weniger als ideale Kondensatoren, und Messungen bei den Frequenzen benutzter Schwingungen ergaben Abweichungen bis zu 30 Prozent.

Es liegt dies an den Energieverlusten im festen Dielektrikum-Glas, welche zunehmen mit wachsender Schwingungszahl, sowie an der Art und Weise, wie sich der sogenannte Rückstand ausbildet. Ein Kondensator mit Rückstandsbildung braucht oft mehrere Minuten, um seine größte Ladung zu erreichen, so daß er in der sehr kurzen Zeit, wo die Schwingungen ablaufen, gar nicht dazu kommt, sich mit seiner ganzen Kapazität zu beteiligen.

Was ferner zunächst die Selbstinduktion angeht, so wird die Berechnung auch dieser Größe erschwert, da man in jedem Falle Beziehungen in den eignen Dimensionen der zu benutzenden Spulen in Rücksicht zu ziehen hat; auch basieren die vorhandenen bewährten Formeln fast alle auf Verwendung langsam veränderlicher Ströme, so daß für die schnellen Schwingungen der drahtlosen Telegraphie häufig noch diesbezügliche Korrektionen anzubringen wären.

Schon diese Überlegungen, ganz abgesehen von praktischen Gesichtspunkten, lassen erkennen, wie dringend notwendig es ist, ein Normal-Meßinstrument zur Verfügung zu haben, welches es gestattet, die vorhandene

Schwingungszahl, bezw. Wellenlänge eines schwingenden Systems in möglichst einfacher und direkter Weise zu konstatieren. Das leistet der Wellenmesser, der so bemessen und berechnet wurde, daß er direkt auf in Betracht kommende Wellenlängen geeicht ist, und mit welchem man auch sonst charakteristische Momente in den Schwingungsvorgängen verfolgen kann.

Drittes Kapitel.

Der Wellenmesser.

Der Wellenmesser ist selbst ein geschlossener Schwingungskreis, in welchem man die Größe der Kapazität in weiten Grenzen veränderlich gemacht hat, und ferner befindet sich in demselben noch ein Riessches Hitzdrahtthermometer. Läßt man ein schwingendes System auf ihn einwirken, so wird er zum Mitschwingen angeregt; es bilden sich Strömungen aus, deren Größe man an dem Thermometer abliest, dessen Ausschläge dem Quadrat der Stromstärken proportional sind. Die Strömungen bekommen ein deutliches Maximum, wenn vollkommene Resonanz eingetreten ist, d. h. wenn man den Wellenmesser so eingestellt hat, daß das Produkt aus seiner wirksamen Kapazität und Selbstinduktion numerisch gleich geworden ist dem Produkt der gleichen Konstanten des erregenden Systems.

In beiden Systemen ist dann also die gleiche Wellenlänge vorhanden, welche man auf der Skala des Wellenmessers ablesen kann.

Wir wollen das wichtige Meßinstrument noch in seinen Einzelheiten und seiner Anwendungsweise etwas näher kennen lernen. Die Figuren 28 und 29 zeigen dasselbe im Grundriß und Aufriß. Um eine veränderliche Kapazität zu erlangen, besteht der Kondensator aus zwei Sätzen von parallelen halbkreisförmigen Platten, von welchen der eine *f* fest, der andere *b* um die Achse *a* drehbar ist; beide Sätze sind voneinander isoliert, jeder unter sich aber metallisch verbunden und beziehungsweise an die Pole p_1 und p_2 angeschlossen.

Durch Drehung des Knopfes *g* werden die beweglichen Platten in die Zwischenräume der festen Platten eingeführt, wodurch die wirksame Oberfläche, also auch die Kapazität, successive vergrößert wird. Der Kondensator ist in ein Bad von Paraffinöl *c* eingesetzt, um beste Isolierung und wegen der größeren Diëlektrizitätskonstante einen weiteren Kapazitätsbereich zu erzielen.

An den Klemmen *k* werden Selbstinduktionsspulen *s* durch einen Stöpselkontakt in bequemer Weise eingeschaltet, und ferner enthält der Schwingungskreis noch das Hitzdrahtinstrument *h*; das letztere ist jedoch nicht direkt, sondern induktiv verbunden; eine primäre Windung *i* liegt im Kondensatorkreis und induziert die sekundären Windungen i_1, deren Enden an den Hitzdraht *w* angeschlossen sind. — Die letztere Einrichtung hat den Zweck, die Größe der Thermometerausschläge regulieren

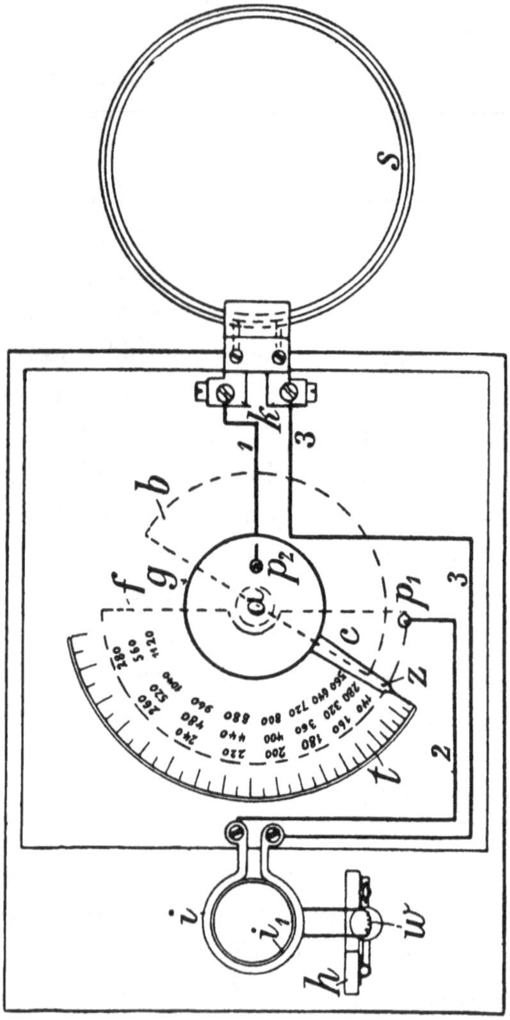

Fig. 28. Grundriß des Wellenmessers.

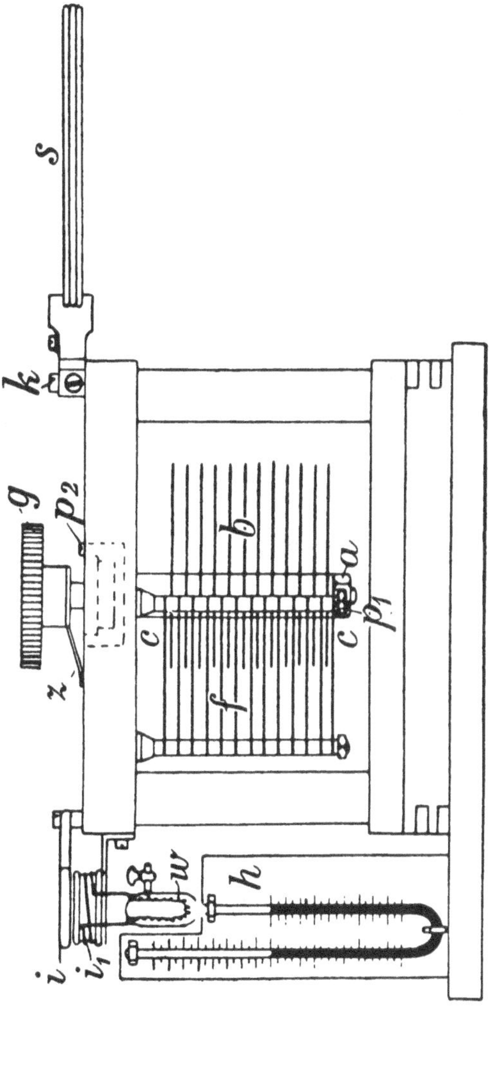

Fig. 29. Aufriß des Wellenmessers.

zu können, indem man die Entfernung zwischen primärer und sekundärer Windung verändert, denn die Stärke des Stromes wird ja eine sehr verschiedene sein, je nachdem wir große Kapazität mit kleiner Selbstinduktion oder kleine Kapazität und große Selbstinduktion bei vorausgesetzter gleicher Energieaufnahme geschaltet haben. Dem Instrument sind drei verschiedene Selbstinduktionsspulen beigegeben und so dimensioniert, daß die drei Meßbereiche sich unmittelbar aneinander anschließen, so daß im ganzen ein Meßbereich von etwa 140 Meter Wellenlänge bis über 1100 Meter Wellenlänge successive durchlaufen werden kann.

Mit dem Knopf *g* ist der Zeiger *Z* fest verbunden, der über eine Skala *t* streicht; auf der letzteren sind in drei Reihen die Wellenlängen angegeben, welche den drei Spulen und der jeweiligen Einstellung des Kondensators entsprechen.

Wegen der für den Wellenmesser zuständigen Berechnungen usw. verweisen wir den Leser auf den Anhang zu diesem Buch.

Die Meßgenauigkeit ist eine fast absolute und ist das Instrument auch für rein wissenschaftliche Untersuchungen wohl geeignet.

Schließlich haben wir noch eines Umstandes Erwähnung zu tun, den wir am besten besprechen, indem wir uns die Methode einer Messung vor Augen führen.

Viertes Kapitel.

Eigenschwingung des primären Systems.

Wir denken uns also nunmehr einen geschlossenen primären Schwingungskreis aus den Kapazitäten C_1 C_2 und Selbstinduktion L_1 zusammengestellt und durch ein Induktorium J mit Elektrizität versehen. Um die wirksame Wellenlänge zu bestimmen, bringen wir, wie Figur 30 zeigt, die Spule L_1 des erregenden Kreises über die Spule L_2 des Wellenmessers W, so daß letztere von magnetischen Kraftlinien der ersteren durchsetzt wird. Es tritt Induktion ein und der Resonatorkreis des Wellenmessers wird zum Mitschwingen angeregt.

Durch allmähliches Verändern der Kapazität C_v bilden sich die Strömungen immer stärker aus, wie wir aus dem Steigen des Thermometers T erkennen, und schließlich gelangen wir an eine Einstellung des Kondensators, bei der die Intensität der Strömung am größten ist, denn eine weitere Vergrößerung der Kapazität bewirkt wieder ein Fallen des Thermometers.

In dieser Weise haben wir also die schärfste Resonanzeinstellung experimentell gefunden, und auf der Skala lesen wir an der Stelle, auf welche der Zeiger weist, die Wellenlänge ab.

Bei dieser Manipulation haben wir jedoch noch einen besonderen Umstand nicht außer acht zu lassen, nämlich den der möglichen Rückwirkung des Resonatorkreises auf den erregenden Schwingungskreis durch den induzierten Strom. Je fester die Kopplung ist, d. h. je näher sich hier die Flächen von L_1 und L_2 einander gegenüberstehen, um so stärker ist die Rückwirkung, und aus solcher resultiert, wie wir noch in einem späteren Kapitel näher ausführen werden, eine Veränderung der Schwingung.

Die Entfernung a zwischen den beiden Flächen muß daher so groß genommen werden, daß gerade eine Rück-

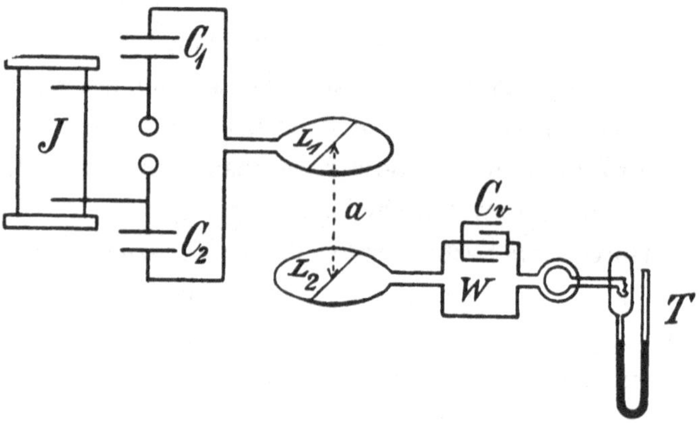

Fig. 30. Ermittlung der Wellenlänge des primären Kreises mit Hilfe des Wellenmessers.

wirkung nicht mehr stattfindet, was hier bei etwa drei Zentimeter Abstand der Fall ist. Dann kann man außerordentlich scharf auf Resonanz einstellen und das Thermometer zeigt eine größte Strömungsamplitude. Machen wir den Abstand a noch größer, d. h. die Kopplung noch loser, so bleibt die Resonanzlage natürlich die gleiche, aber die Thermometerausschläge sind verkleinert, was ohne weiteres verständlich ist.

Es gibt also eine günstigste lose Kopplung, welche man empirisch feststellen muß, wenn es sich um exakte Messungen handelt; keinesfalls darf die Kopplung so fest sein, daß noch eine Rückwirkung sich geltend macht.

Die folgende Figur 31 gibt eine photographische Abbildung des Wellenmessers. In der Mitte ist der große regulierbare Ölkondensator sichtbar; rechts ragt die In-

Fig. 31. Der Wellenmesser.

duktionsspule heraus, welche mit den vorne am Boden liegenden Spulen auswechselbar ist; links vom Kondensator befindet sich das Hitzdrahtthermometer.

In einem Schwingungsgebilde können, wie wir bald sehen werden, auch mehrere Schwingungen vorhanden sein, und wird man in einem solchen Falle bei fortschreitender Veränderung der Kapazität und eventuell auch der Selbstinduktion des Wellenmessers mehrere Strommaxima finden und die zugehörigen Wellenlängen ablesen.

Ein Vergleich der verschieden großen Ausschläge des Thermometers gestattet dann auch einen Schluß auf die verschiedenen Amplituden der wirksamen Wellen; ferner wird sich die Strömung bei den gleichzeitig vorhandenen Schwingungen verschiedenartig ausbilden; das eine Mal schießt die Flüssigkeit des Thermometers plötzlich in die Höhe, wenn man an die Resonanzeinstellung gelangt ist und fällt ebenso schnell, wenn diese überschritten ist. Das andere Mal nehmen die Thermometerausschläge langsam zu und ab.

Auf diese Weise läßt sich die Schärfe der Resonanz bei den verschiedenen Wellen genau feststellen und vergleichen, wie auch ein Schluß ziehen auf ihre differente Dämpfung.

Die beschriebene magnetische Kopplung hat sich als die günstigste erwiesen, um die Schärfe der Resonanz in markanter Weise zum Ausdruck zu bringen; wir übergehen deshalb die sonst noch mögliche, sogenannte elektrostatische und galvanische Kopplung und verweisen den sich dafür interessierenden Leser auf die bezügliche Literaturangabe im Anhang.

Fünftes Kapitel.

Eigenschwingung des sekundären Systems.

Wir sind nunmehr bestens vorbereitet, den Ausbau unserer Sendestation systematisch fortzuführen und messend zu kontrollieren.

Die Besprechung der Stromquelle, welche dem primären Schwingungskreis die Elektrizität liefert, sowie der sonstigen für den praktischen Betrieb erforderlichen Nebenapparate und Schaltungsanordnungen lassen wir einstweilen beiseite und wenden uns nun in erster Linie dem sekundären induzierten Schwingungsgebilde zu, bestehend (vergleiche Figur 21) aus der Sekundärspule L_2 mit ihren Ansätzen. In zweiter Linie werden wir uns dann Klarheit verschaffen über die Beziehung des sekundären Systems zum primären Kreise.

Es handelt sich also jetzt um die Frage nach der Eigenschwingung des sekundären Gebildes. — Zu dem Zwecke betrachten wir zunächst einen isoliert aufgehängten, stabförmigen Leiter, der in der Mitte, wie es Figur 32 zeigt, durch eine Funkenstrecke unterbrochen ist, um denselben in wiederholt beschriebener Weise elektrisch, etwa durch ein Induktorium, erregen zu können.

Die Theorie zeigt nun und der Versuch bestätigt es, daß dieser Stab in einer solchen Weise elektrisch schwingt, daß die Wellenlänge gleich der doppelten Stablänge ist. Außer dieser Grundschwingung des Gebildes entstehen auch noch annähernd harmonische Oberschwingungen, deren Intensität aber ganz außerordentlich gering ist.

Im allgemeinen haben wir analoge Vorgänge wie bei einer gedackten Orgelpfeife, und mit einer solchen könnten wir in der Tat sehr passend jede Hälfte des schwingenden Stabes vergleichen.

Die der Eigenschwingung entsprechende Stromverteilung längs des ganzen Stabes ist in der Figur durch die gestrichelte Linie bezeichnet, und man kann sie sich entstanden denken aus der Superposition der zum freien

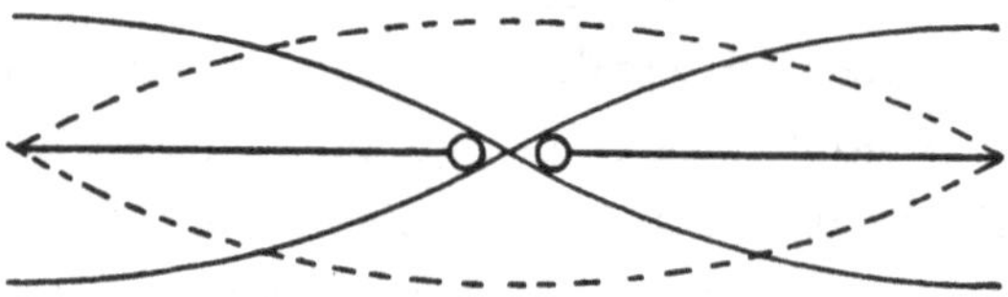

Fig. 32. Elektrisch schwingender stabförmiger Leiter.

Ende hinlaufenden Welle und der daselbst mit entgegengesetztem Vorzeichen des Stromes reflektierten Welle. Es bildet sich eine stehende Welle aus und die Stromknoten, welche sich an den freien Enden des Stabes befinden, sind also um eine halbe Wellenlänge voneinander entfernt.

Die Verteilung des Potentials ist in der Figur durch die ausgezogene Linie dargestellt und ist derjenigen des Stromes direkt entgegengesetzt. An der Funkenstrecke, wo die Strömung ein Maximum ist, weisen die Potentialschwankungen einen Knoten auf und die Bäuche der letzteren mit wechselndem Vorzeichen befinden sich an den freien Enden des Stabes.

Wie wir sehen, ergeben sich gleiche Vorgänge wie bei der gedackten Pfeife. Am offenen Ende kein Druck, aber heftige Bewegung; am geschlossenen Ende, wo der Stab durch das Diëlektrikum abgeschlossen ist, keine Bewegung, sondern wechselnde Potentialschwankungen, entsprechend den Luft-Verdünnungen und -Verdichtungen an dem geschlossenen Ende der Pfeife.

Das Ganze wieder das vertraute wechselnde Bild der Verwandlung von kinetischer und potentieller Energie und ein Beweis für die zeitliche Ausbreitung des Phänomens.

In prinzipiell gleicher Weise gestalten sich die Verhältnisse bei dem Sekundärsystem, das wir auf seine Schwingung untersuchen wollten und das wir uns nun zuerst bestehend denken aus einer Spule mit zwei angehängten, gleich langen Drähten — Luftdraht und Symmetriedraht —, wie es Figur 33 andeutet.

Im Symmetriezentrum *Z* werden wir einen Potentialknoten erwarten, bei *a* und *b* Stromknoten.

Wir erhalten wieder eine ausgesprochene Grundschwingung des Systems, wobei jetzt die Eigenwellenlänge der Spule in Rechnung zu ziehen ist. Professor DRUDE hat diese Disposition einer gründlichen theoretischen Analyse unterzogen und Formeln angegeben, nach welchen man die Eigenschwingung unseres ganzen Sekundärgebildes berechnen kann.

Wir können uns jedoch dieser Mühe überheben, da wir in der Lage sind, mit Hilfe des Wellenmessers in einfacher Weise diese Eigenschwingung experimentell festzustellen. Wir haben lediglich erstens eine Funkenstrecke F einzuschalten, um das Gebilde als HERTZschen Oszillator erregen zu können, zweitens in dem Luftdraht an einer Stelle eine kleine Schleife s zu bilden, welche dabei die Selbstinduktion des Ganzen nur ganz unwesent-

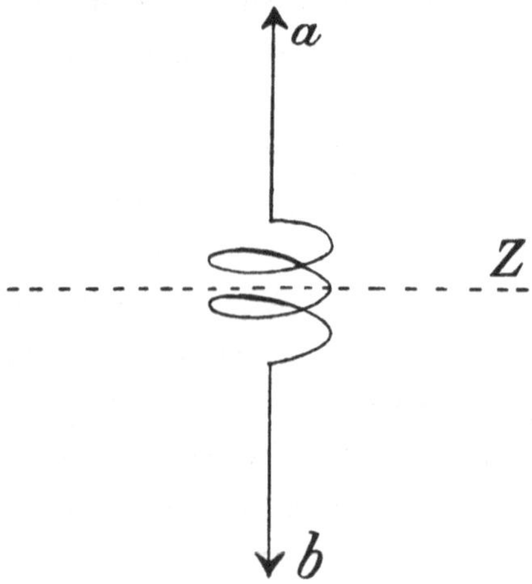

Fig. 33. Sekundärsystem mit symmetrischen Ansätzen.

lich ändert und dazu dient, die Spule des Wellenmessers W zu induzieren.

Wir verweisen auf die folgende Figur 34, wodurch uns schematisch diese zweite wichtige Messung vor Augen geführt wird.

Um genau definierte Verhältnisse zu haben, muß man vorher den Luftdraht in die Lage bringen, in welcher er tatsächlich benutzt werden soll, da die Kapazität des Drahtes abhängig ist von seiner relativen Lage zur Erde und anderen nahen Gegenständen. Ohne schon an dieser Stelle über die besondere Beschaffenheit des Luftdrahtes und der Art und Weise, wie er am besten ausgespannt

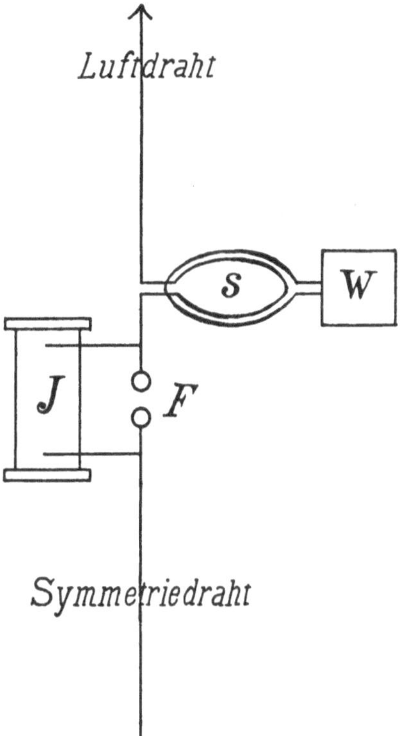

Fig. 34. Ermittlung der Eigenschwingung des Sekundärsystems mit Hilfe des Wellenmessers.

wird, etwas anzugeben, nehmen wir an, daß derselbe an einem hohen Mast isoliert befestigt, in einer bestimmten Lage festgehalten und nach Zwischenschaltung einer

Schleife und Funkenstrecke mit dem einen Pol der Sekundärspule verbunden sei; an dem anderen Pol der letzteren befindet sich der äquivalente Symmetriedraht.

Nun erregen wir das Gebilde und lesen nach Einstellung des Wellenmessers auf vollkommene Resonanz die Eigenwellenlänge des Systems ab. Nach Erledigung dieser Messung schalten wir die Funkenstrecke wieder aus (die Schleife belassen wir, da wir sie für fernere Messungen benötigen) und wenden uns nun in zweiter Linie der induktiven Erregung zu.

Sechstes Kapitel.

Die Kopplung.

Akustisch gesprochen befestigen wir jetzt die Stimmgabel (Schwingungskreis) auf dem Resonanzboden (offener Resonator), und ihre Abgleichung aufeinander nach früher entwickelten Prinzipien ist unsere Aufgabe. Vor uns befindet sich also jetzt das Flaschensystem, welches in Verbindung steht mit den primären Windungen des Transformators, an dessen sekundäre Spule die Ansätze angeschlossen sind.

Wir haben bereits an anderer Stelle ganz allgemein auseinandergesetzt, daß wir es bei der Kopplung zweier Systeme mit erzwungenen Schwingungen zu tun haben, von denen die vollkommene Resonanzschwingung ein spezieller Fall ist.

Die Theorie zeigt nun, wie wir uns auch nachher experimentell überzeugen werden, daß man für gewöhnlich bei gekoppelten Systemen zwei Schwingungen von verschiedener Schwingungszahl erhält, selbst wenn beide Systeme die gleiche Eigenschwingung haben.

Eine einzige Schwingung, auf deren Erzielung es eventuell ankommen könnte, werden wir bei vorherrschender Kopplung nur dann erhalten, wenn die Kopplung absolut fest ist, aber die resultierende Schwingung weicht auch in diesem Falle von den einzelnen Eigenschwingungen der beiden Systeme ab.

Den Begriff von „fester“ und „loser“ Kopplung hatten wir bereits zu fixieren versucht und wollen denselben jetzt dahin erweitern, daß wir unter absolut fester Kopplung eine solche verstehen, bei welcher alle magnetischen Kraftlinien des primären Systems durch die Stromfläche des sekundären Systems oder Resonators hindurchgehen, d. h. also, daß das Produkt aus den Selbstinduktionskoeffizienten der einzelnen Systeme gleich ist dem Quadrat ihres Koeffizienten der gegenseitigen Induktion. Bezeichnet man die beiden ersten mit L_1 und L_2, den letzteren mit $L_{1,2}$ und den Kopplungsgrad mit τ, so drückt sich diese einfache Beziehung aus durch: $L_{1,2}^2 = \tau^2 \cdot L_1 L_2$ $(0 \leqq \tau \leqq 1)$. Nach dieser Definition ist es sofort einleuchtend, daß unsere Anordnungen nicht den Fall einer absolut festen Kopplung repräsentieren, denn erstens entspricht die Zusammensetzung der Spulen im Transformator nicht der gemachten Voraussetzung und zweitens hat jeder der zum Sekundärsystem gehörigen Ansätze allein eine bedeutende Selbstinduktion.

Solange aber noch die Kopplung keine ganz lose ist, d. h. solange noch eine Rückwirkung des Resonators auf den erregenden Schwingungskreis besteht, werden wir zu erwarten haben, im Luftdraht zwei Schwingungen von verschiedener Periodenzahl und Dämpfung vorzufinden. Nur bei einer speziellen Voraussetzung könnte es eintreten, daß der offene Resonator nur zu seiner Eigenschwingung quasi „angeschlagen" würde, nämlich, wenn die erregende Kraft nur wie ein stoßartiger Impuls wirkt, d. h. wenn die erregende Schwingung enorm stark gedämpft wäre. Das letztere ist aber im allgemeinen nicht der Fall, da der BRAUNsche Schwingungskreis, wie wir wissen, für gewöhnlich relativ schwach gedämpft ist.

Wollten wir auf eine vollwertige Ausnutzung des Resonanzprinzips hinarbeiten, so müßten wir dennoch nur eine einzige Schwingung zu erzielen suchen. Prinzipiell ist das Problem gelöst, denn wir können den erregenden Kreis und den Resonator auf genau die gleiche Schwingungsdauer bringen und dann lose koppeln. Auf diese Weise erhalten wir dann nur eine einzige Schwingung, und ganz unzweifelhaft ist dies für die Zukunft der Weg, auf dem man weiterschreiten muß. Das Sekundärsystem kann übrigens eventuell aber auch eine Oberschwingung des Primärsystems vollführen und so eine einzige Schwingung zustande kommen lassen.

Ohne uns zu weit aus dem Zusammenhang zu verlieren, wollen wir an dieser Stelle doch schon bemerken, daß auch bei der BRAUNschen Methode der Schwingungserregung die als relativ niedrig bezeichnete Dämpfung in Wirklichkeit noch horrend ist und daß wir durch die Funkenentladungen nur Züge stark gedämpfter Wellen hervorbringen, die durch so lange Pausen unterbrochen sind, daß letztere in gar keinem Verhältnis zu der kurzen Dauer einer Schwingung stehen. Solchen äußerst wichtigen Fragen werden wir in einem besonderen Kapitel näher treten.

Es leuchtet nun wohl ohne weiteres ein, daß ceteris paribus mit loser werdender Kopplung auch die Energieübertragung reduziert wird, und daß es wesentlich von der Dämpfung abhängen wird, wie weit man darin gehen darf. Welche spezifischen Vorteile und Nachteile wir aber bei den beiden Kopplungsarten gegeneinander zu erwägen haben, ergibt sich aus folgenden Feststellungen.

Bei sehr fester Kopplung, also bei sehr innigem Energieaustausch, wird die ganze Energie plötzlich auf den Sender übertragen und von ihm abgegeben; die Dämpfung ist also enorm und eine scharfe Resonanzwirkung unmöglich. Der Effekt ist der einer explosionsartigen Ursache; wie bei einem Kanonenschuß werden wir äußerst gewaltige Wirkungen erzielen und große Entfernungen überbrücken, denn wir haben eine gewaltige Anfangspotential-Amplitude und die Amplituden nehmen proportional den Entfernungen ab.

Abstimmung ist dabei natürlich illusorisch, ja eine contradictio in adjecto.

Prinzipiell wären wir bei ganz fester Kopplung und den jetzigen Anordnungen in der Tat nicht weiter als bei dem alten MARCONI-Geber, nur daß wir aus größeren Kanonen schössen.

Bei loser Kopplung dagegen sind die Schwingungen zwar schwächer, aber von viel längerer Dauer. Wie die Theorie zeigt, erweist sich jetzt als wirksam nur eine Welle, deren Dämpfung mit derjenigen des primären Kreises annähernd übereinstimmt, also relativ klein ist. Anderseits ergibt sich, wie qualitativ vorauszusehen, eine bedeutende Verkleinerung der Amplitude des Potentials; es ist der Preis für die erlangte schwache Dämpfung. Nur auf diese Weise ist aber eine ideale Ausnutzung des Resonanzprinzips erst zu ermöglichen und die vollständige Lösung des Problems der Abstimmung herbeizuführen.

Dann wird der Äther durchwogt von schwachen, aber langgezogenen Tönen, von denen jeder einen und nur einen bestimmten Empfänger anregen kann. Je feiner die Abstimmung, um so leichter das Ansprechen des selbst als ungedämpft vorausgesetzten Empfängers; um so schwächer kann die Ursache oder um so größer die Entfernung sein.

So würden wir den durch die lose Kopplung an sich bedingten Unterschied hinsichtlich der Entfernungen, welche wir durch die feste Kopplung sicher aber nur mit Gewalt auf hohe Werte bringen, durch die Möglichkeit der Anwendung feiner Mittel im Empfänger reduzieren, welche uns dabei des unschätzbaren Vorteils schärfster Selektionsfähigkeit der schwach gedämpften Wellenzüge erst ganz teilhaftig werden lassen.

Die nächste Messung, welche wir nun ausführen könnten, wird uns zeigen, auf welchen Kompromiß wir jetzt noch angewiesen sind. — Um die Messung jedoch so vorzuführen, wie sie gemacht wurde, haben wir unsere Senderdispositionen noch abzuändern, um sie praktischer Benutzung anzupassen.

Siebentes Kapitel.

Bedeutung der Gegenkapazität und Erdung.

Wir haben erkannt, daß unser Sekundärsystem aus zwei symmetrischen Hälften, die zusammengehören, besteht; ihre elektrischen Ladungen haben entgegengesetztes Vorzeichen. Wollten wir die Anordnung so benutzen, wie wir solche nach theoretischem Erfordernis skizziert haben, so müßten wir mit dem Transformator hoch in die Luft gehen. Begnügten wir uns mit einer Annäherung an theoretische Voraussetzungen und spannten, möglichst weit vom Luftdraht entfernt, den ihn ausbalancierenden Symmetriedraht in einem Abstand von etwa einem Meter parallel zum Erdboden, so hätten wir ihn wegen seiner vergrößerten Kapazität schon auf mindestens die Hälfte zu verkürzen.

Vergleichende Fernversuche haben nun aber gezeigt, daß der Symmetriedraht für praktische Zwecke sehr ungünstige Eigenschaften hat. Selbstverständlich kann man ihn nicht einfach fortlassen, aber man kann etwas viel Besseres an seine Stelle setzen, nämlich große Metallflächen. Der Grund liegt daran, daß ein Symmetriedraht zu sehr die Dämpfung des Systems vermehrt, und zwar durch Ausbildung von JOULEscher Wärme und durch Strahlung.

J. ZENNECK hat kürzlich die Bedeutung des Symmetriedrahtes und des Ersatzes durch Metallplatten theoretisch klargestellt.

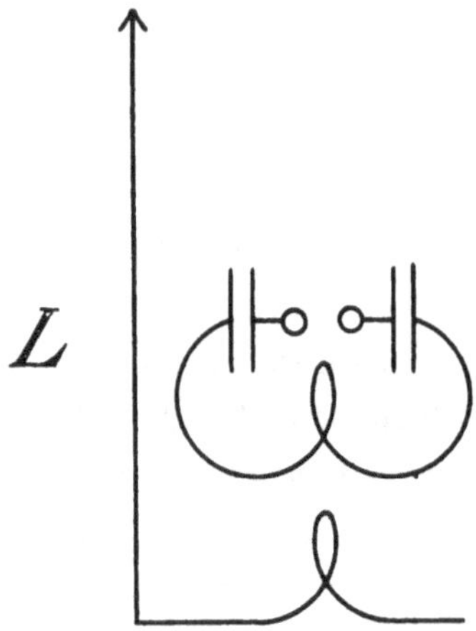

Fig. 35. Unrichtige relative Lage der gekoppelten Systeme.

Auf welchen Umstand es hauptsächlich ankommt, kann der Leser durch Betrachtung der beiden Figuren 35 und 36 erkennen.

Wir wissen aus Figur 32, daß sich an den Enden des Drahtes Stromknoten befinden, in seiner Mitte ein Strombauch. In Figur 35 liegt also der erregende Kondensatorkreis einem Stromknoten des sekundären Gebildes *L* gegenüber, in Figur 36 aber einem Strombauch; das letztere ist richtig, das erstere ist falsch.

Der Leser wird den Grund am leichtesten einsehen durch einen anschaulichen akustischen Vergleich, auf den Professor BRAUN hingewiesen hat, und den wir wörtlich wiedergeben wollen. BRAUN sagt: „Wenn wir die elektrische Strömung im Sender akustisch mit den Amplitüden vergleichen, so verhält sich der Sender wie eine an beiden Enden befestigte Saite, repräsentiert also, wenn er — wie gewöhnlich — an beiden Enden frei in die

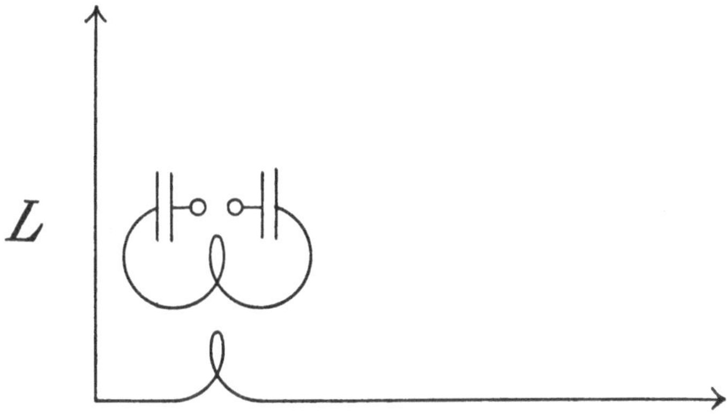

Fig. 36. Richtige relative Lage der gekoppelten Systeme.

Luft endet, eine halbe Wellenlänge oder ein Multiplum derselben. Der eine Teil befinde sich vor den lang ausgestreckten Polen eines Elektromagneten. Man errege denselben plötzlich durch einen Wechselstrom, der aber ziemlich schnell abfalle. Die Bewegung, in welche die Saite dadurch gerät, wird ein ungefähres Bild von dem elektrischen Strömungszustand des Senderdrahtes geben. Der elektromagnetisch erregte Teil der Saite entspricht der induktiv erregten Senderpartie. Das Bild wird nur ungefähr zutreffen, denn die Rückwirkung der Senderwellen auf den Primärkreis fehlt so ziemlich im akustischen Beispiel. Aber doch genügt es, um den folgenden Schluß zu ziehen: Will man möglichst große Schwingungen auf der Saite erzielen, so wird man sie in der Mitte, nicht in der Nähe des Endes erregen. Und dies bestätigt sich im elektrischen Versuch."

Schneidet man nun den Symmetriedraht bis auf ein möglichst kurzes Stück ab, so muß man dieses an Kapazitäten metallisch anschließen. Der Strombauch rückt dann nämlich wieder nach letzteren hin, um so mehr, je größer sie sind.

Wir sehen also ein, daß wir es mit scharf definierten Verhältnissen zu tun haben. In der Tat hat Professor DRUDE, der ebenfalls inzwischen diesen wichtigen Punkt klargestellt hat, kürzlich eine einfache Formel angegeben (siehe Anhang), welche es gestattet, die Größe einer Metallfläche zu berechnen, welche dem Luftdraht das elektrische Gleichgewicht hält.

Diese ausbalancierende „Gegenkapazität", wie wir fernerhin uns ausdrücken wollen, ist also notwendig und hat eine bestimmte Größe; diese läßt sich, wie es in Saßnitz geschah, auch leicht experimentell, wie wir gleich sehen werden, ermitteln.

Bei früheren Abbildungen (z. B. Figur 22) bedienten wir uns des Ausdruckes „Metallplatte oder Erde" für diese ausbalancierende Gegenkapazität.

Jetzt sehen wir ein, daß dies nicht ganz korrekt war; abgesehen davon, daß die „Erdung" infolge ungünstiger

Bodenverhältnisse eine sehr schlechte sein kann, ist dieselbe jedenfalls wohl niemals genau der Größe entsprechend, welche wir als ausbalancierende Gegenkapazität haben müssen, um im Sender kräftigste Schwingungen zu erzielen. — Durch Nichtbenutzung der Erde hält man sich auch fast ganz frei von atmosphärisch-elektrischen Einflüssen, was allein von unschätzbarem Vorteil ist. Wenn man trotzdem vielfach Erde benutzt, so geschieht es aus praktischen Gründen, da die Gegenkapazität unter Umständen beträchtliche Dimensionen bekommt und dementsprechend Raum einnimmt. — Benutzt man Erde, so hat man selbstverständlich darauf zu achten, daß das Sekundärgebilde dadurch in seiner Schwingung vertieft wird, denn am Erdungspunkt ist ein Spannungsknoten und der ganze Draht repräsentiert jetzt eine Viertelwellenlänge; ferner wird die Kopplung eine festere.

Mit vorstehenden Ausführungen hat natürlich eine andere Frage, welche Rolle die Erde bei der Fortleitung der elektromagnetischen Wellen eventuell spielen könnte, gar nichts zu tun; wir kommen auch hierauf später zurück.

Nachdem wir uns nun erst in geeigneter Weise überzeugt haben, ob das Sekundärsystem richtig ausbalanciert ist, untersuchen wir das letztere auf vorhandene Schwingungen mit Hilfe des Wellenmessers. Diese Messungen wurden zuerst in Saßnitz mit primitiven Mitteln ausgeführt, doch ergab später eine Kontrolle durch den inzwischen technisch vollendeten Wellenmesser die völlige Übereinstimmung.

Achtes Kapitel.

Messungen im kompletten Sender.

Um zu ermitteln, ob wir richtig ausbalanciert haben, verfahren wir so, daß wir die Ausbildung der Strömung im Luftdraht verfolgen. — Wir lösen ihn vom Transformator los und setzen dazwischen ein Hitzdrahtthermometer, wie es das folgende Schema (Figur 37) zeigt. An der anderen Sekundärklemme des Transformators befinde sich zuerst ein Symmetriedraht, gleich lang und in symmetrisch gleicher Lage wie der Luftdraht. Wir erregen das System und lesen die sich ausbildende Strömung an dem Ausschlag des Thermometers ab. — Jetzt ersetzen wir den Symmetriedraht durch einen kurzen Draht mit angeschlossener Zinkplatte; wir messen wieder und finden den Ausschlag des Thermometers jetzt wesentlich kleiner. Nun hängen wir weitere Platten an, die natürlich in einem gewissen Abstand voneinander bleiben müssen, messen abermals u. s. f., bis wir schließlich annähernd den gleichen Thermometerausschlag erreichen wie bei Vorhandensein des Symmetriedrahtes. Jetzt ist der Luftdraht ausbalanciert. Seine Länge betrug in Saßnitz 65 Meter, sein mit Rücksicht auf das Netz wirksamer (vergleiche Seite 110) Radius circa 10 Zentimeter, und die ausbalancierende Gegenkapazität wies eine Fläche auf von circa 13,7 Quadratmeter.

Wenn es den Leser interessiert, so möge er auch die im Anhang durchgeführte Rechnung nach der angezogenen Drudeschen Formel ansehen, um sich von der vollständigen Übereinstimmung der rechnerisch und empirisch ermittelten Werte zu überzeugen.

Die nächste Messung bezieht sich nun also auf die Feststellung der Schwingungen, welche im Sender vorhanden sind. Die Versuchsanordnung ist die gleiche, wie für den Versuch in Figur 34 angegeben, nur daß wir jetzt nicht das Sekundärgebilde allein, sondern das komplette Sendersystem vor uns haben.

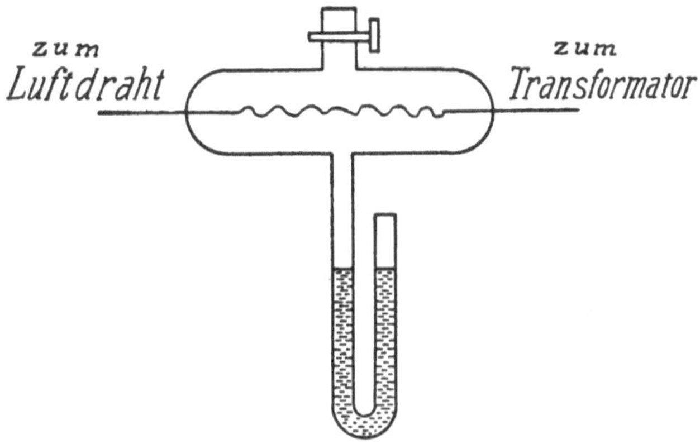

Fig. 37. Hitzdrahtthermometer.

Der Wellenmesser wird unter Beobachtung früher erwähnter Vorsichtsmaßregeln induktiv erregt vom Luftdraht aus durch eine Schleife, welche wir in demselben angebracht hatten.

Von den vielen ausgeführten Untersuchungen wählen wir für unsere Zwecke nur zwei aus. Die erste bezieht sich auf einen Transformator, bei dem die primäre Spule ziemlich fest mit der sekundären gekoppelt ist; trotzdem ist aus früher erwähnten Gründen die Kopplung zwischen Primärkreis und dem ganzen Sekundärsystem durchaus nicht absolut fest. Wir wollen in diesem Falle von der „normalen" Kopplung sprechen. Die günstigsten Verhältnisse in diesem Transformator wurden gleich bei Einrichtung der Stationen rein empirisch eruiert und für die ganze Dauer des Betriebes als am günstigsten befunden.

Bei dem für die zweite Untersuchung verwendeten Transformator haben wir eine ganz lose Kopplung gewählt, so daß eine merkliche Rückwirkung ausgeschlossen ist. Wir werden in letzterem Falle von der „losen" Kopplung sprechen.

Die folgende Zeichnung (Figur 38) zeigt die bei den Messungen erhaltenen Kurven. Die ausgezogenen und einfach gestrichelten Kurven beziehen sich auf die normale Kopplung, die ······ gezeichnete Kurve auf die lose Kopplung. Die ausgezogene und ······ gezeichnete Horizontallinie entspricht jedesmal dem Niveau der Strömungsausbildung im Luftdraht, welche der betreffenden Kopplung zugehörig war und in jedem Falle festgestellt wurde.

Die graphische Wiedergabe der Meßresultate ist in bekannter Weise geschehen, indem auf einer horizontalen Geraden (Abszisse) die Kapazitäten durch die ihnen proportionale Gradeinteilung der Skala des Wellenmessers markiert sind, während auf Senkrechten (Ordinaten), welche in den Kondensator-Einstellungspunkten errichtet werden, die zugehörigen Thermometerausschläge aufgetragen sind; letztere sind proportional dem Quadrat der sich ausbildenden Stromstärken nach dem bekannten JOULEschen Gesetz.

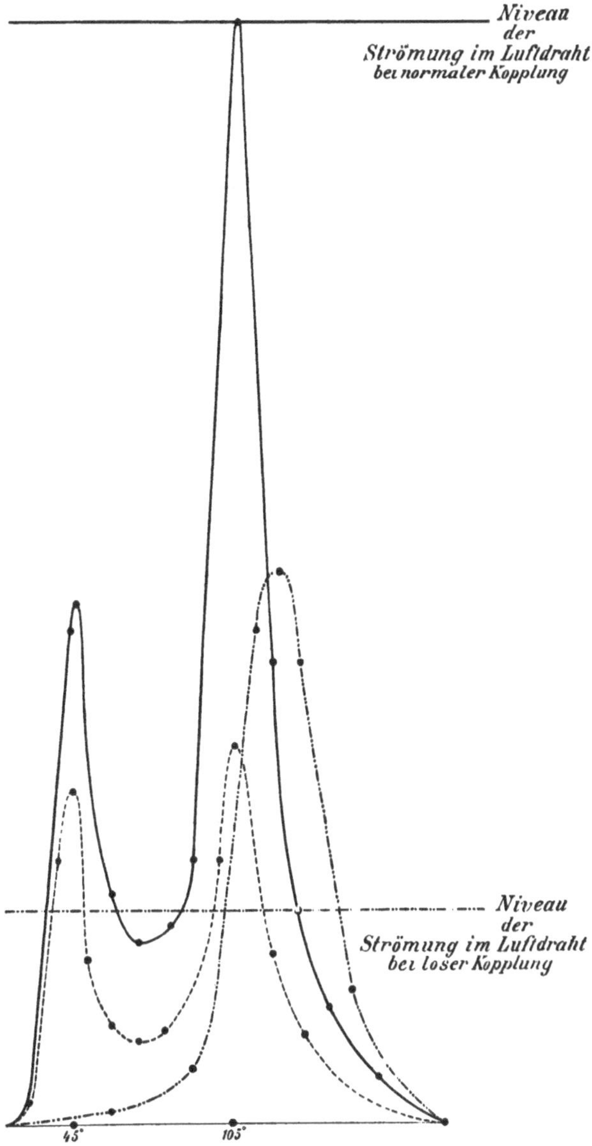

Fig. 38. Resonanzkurven.

Normale Kopplung. Wir konstatieren das Vorhandensein von zwei Schwingungen verschiedener Periodenzahl und Dämpfung. Es erscheint der Schluß berechtigt, daß die tiefere Schwingung (Resonanz bei 105^0) weniger gedämpft ist als die höhere Schwingung (Resonanz bei 45^0). — Von der Richtigkeit unserer Ansicht können wir uns schnell überzeugen, indem wir durch Einschalten eines Widerstandes (dünner Platindraht) die Dämpfung im Resonanzkreis künstlich vergrößern. Ist die höhere Schwingung bereits stark gedämpft, so muß sie dadurch weniger beeinflußt werden als die anscheinend schwach gedämpfte tiefere Schwingung, welche deshalb schärfste Resonanz zuläßt, wie es die spitze Resonanzkurve mit ihrer stark in die Höhe getriebenen Amplitüde zu erkennen gibt.

In der Tat zeigt die mit dieser künstlichen Dämpfung aufgenommene einfach gestrichelte Kurve die Richtigkeit unserer Ansicht.

Im übrigen sind die beiden Schwingungen in völliger Übereinstimmung mit theoretischen Erfordernissen, und zwar hatten wir folgende Einstellungen des Wellenmessers bei den verschiedenen Messungen:

Primärkreis allein (Seite 81) bei 63^0,
Offener Resonator allein (Seite 85) bei 73^0,
Komplettes System, wie vorstehend, bei 45^0 und 105^0.

Von den resultierenden deformierten Schwingungen im kompletten System ist also die eine höher, die andere tiefer als die dem Primärkreis und offenen Resonator zugehörigen Eigenschwingungen, welche übrigens noch besser hätten aufeinander abgeglichen sein können, damit sie absolut gleich gewesen wären. Die Abweichung ist aber jetzt schon sehr gering, wie man sich durch Vergleich der Kondensatoreinstellungen, welche den Wellenlängen proportional sind, überzeugen kann.

Nach der Theorie würde bei absoluter Übereinstimmung der Schwingungszahlen der beiden Einzelsysteme von den resultierenden Schwingungen die eine um ebenso viel höher wie die andere tiefer sein als der gemeinschaftliche Eigenton, ferner hätten dann beide Schwingungen gleiche Dämpfung, nämlich gleich dem arithmetischen Mittel aus den Dämpfungswerten der Einzelsysteme.

Nebenbei bemerkt, verhalten sich hier die Schwingungszahlen der beiden entstehenden Schwingungen genau wie 3 : 2, d. h. die eine ist die Quinte der anderen.

Lose Kopplung. Wie es die Theorie voraussieht, haben wir jetzt nur eine einzige Schwingung im Sender, wie es die ······ gezeichnete Kurve veranschaulicht.

Vergleichen wir nun ferner die Resonanzkurven bei normaler und loser Kopplung und gleichzeitig die Werte der zugehörigen Strömungsausbildungen im Luftdraht (markiert durch die ausgezogene und ······ gezeichnete Horizontallinie), so erkennen wir, daß die Schwingung im lose gekoppelten System überhaupt die am wenigsten gedämpfte sein muß.

Die Energieübertragung ist natürlich eine schwächere, aber wir sehen ein, daß man, falls es die zu überbrückende

Entfernung nur eben zuläßt, sich auch bei heutigen Anordnungen unbedingt für lose Kopplung im Sender entscheiden wird.

In der Gegenstation Gr. Möllen war die Installation genau identisch mit Saßnitz ausgeführt, und wie zu erwarten war, hat sich von den zwei Schwingungen bei normaler Kopplung die tiefere ungedämpftere als die wirksame erwiesen, wie wir bald zeigen werden. Der Berechnung nach hatte sie eine Länge von etwa 300 Meter.

Eine versuchte Aufnahme auch der höheren Welle gelang uns bei der großen Entfernung Saßnitz-Gr. Möllen, ca. 170 Kilometer, nicht und zwar ohne Zweifel infolge der stärkeren Dämpfung.

Neuntes Kapitel.

Senderdispositionen.

Wir unterziehen nun noch die Senderdispositionen an einzelnen Stellen einer Betrachtung.

Funkenstrecke: Im primären Schwingungskreis argwöhnten wir bereits in der Funkenstrecke eine kritische Stelle, die durch ihre üblen Eigenschaften den oszillatorischen Entladungsvorgang beeinträchtigen würde. Ihr Widerstand wird zunächst in Betracht kommen, dessen Bestimmung bisher nicht einwandsfrei gelungen ist; abhängig ist er, wie schon früher ausgeführt, von den Entladungsmengen, und er wird dementsprechend bei etwa

10 mm Größe meistens bis auf 1 Ohm in normalen Dispositionen geschätzt; man hat ihn aber auch schon viel höher kalkuliert. Der Widerstand der übrigen primären Entladungsbahn ist dagegen verschwindend klein, da sie meistens nur aus einigen Windungen eines mehrere Millimeter dicken Kupferdrahtes besteht.

Die Energiedissipation durch die Funkenstrecke allein wird auf alle Fälle einen nicht unerheblichen Anteil der Gesamtenergie ausmachen.

Würde sich der Widerstand wirklich auf mehr als 1 Ohm belaufen, so wäre ein solcher Wert hoch im Vergleich zu dem „kritischen Widerstand"; nach der auf Seite 47 angegebenen Formel für den kritischen Widerstand $W = 2\sqrt{\frac{L}{C}}$ würde bei Dimensionen für L und C, wie solche in Saßnitz für eine Welle von 300 Meter Länge verwendet wurden, ein Gesamtwiderstand von weniger als 50 Ohm den oszillatorischen Charakter der Entladung g a n z vernichten. Das wäre die theoretische Grenze, allein praktisch setzen schon kaum nennenswerte Widerstandsvergrößerungen des primären Kreises ganz enorm die Intensität der Resonanzschwingungen im Luftdraht herab. Wie schon früher angedeutet, haben wir es mit einer harmonischen Bewegung zu tun, die durch den Widerstand, welcher wie eine Reibung wirkt, modifiziert wird, und diese Reibung kann so groß werden, daß sie gar keine Schwingungen, sondern nur ein allmähliches Zurückgleiten in die Ruhelage zuläßt.

Die Funkenstrecke hat aber auch sonst noch ihre Tücken. Ihrer Bestimmung nach soll sie den Kondensatorkreis solange absperren, bis das Entladungspotential erreicht ist; dann plötzlicher Abfall des Potentials, wodurch die gedämpften oszillatorischen Entladungen eingeleitet werden; nach Ablauf derselben muß die Funkenstrecke a tempo und relativ lange Zeit nichtleitend sein, damit sich das Spiel wiederholen kann.

Angenommen, wir arbeiteten mit einer Wellenlänge von 300 Meter, so würde jede Schwingung ein Milliontel Sekunde dauern; rechnen wir nun auf einen Entladungskomplex 10 Schwingungen (meistens sind es soviel nicht einmal, trotz des geschlossenen Kreises), so bezöge sich dies auf eine Zeitdauer von ein Hunderttausendstel Sekunde. Anderseits haben wir im ganzen etwa 200 Entladungskomplexe pro Sekunde. Die Pausen dazwischen sind also von einer solch großen Dauer, daß sie sich zu einem Entladungskomplex verhalten wie 1 Tag zu 1 Minute. Da kann gewiß nichts Effektvolles zustande kommen, allein bei der heutigen Methode der Benutzung von Luftfunkenstrecken zum Absperren des Entladungskreises und von Induktorien als Stromquelle sind solche Pausen direkt notwendig. Sucht man sie abzukürzen, indem man den Ladungsprozeß beschleunigt, so gelangt man sehr bald dazu, daß der letztere sich schneller aufs neue entwickelt, ehe die Oszillation abgeklungen und die Funkenstrecke wieder nichtleitend geworden ist. Die Ladung kann dann nur bis zu einem niedrigen Potential erfolgen, und wir haben einen permanenten Ausgleich durch die Funkenstrecke in

Gestalt eines Flammbogens; der Funke wird „inaktiv“. Man lernt übrigens sehr schnell durch das „Gefühl“ den Funken zu beurteilen, da ein wirklich wirksamer Funke einen spezifisch klatschend-knallenden Charakter hat; es empfiehlt sich, die Kugeln der Funkenstrecke häufig zu polieren, damit keine äußeren Störungen des erforderlichen jähen Abfalls des Potentials eintreten können und erlangte wirksame Entladungen konstant bleiben.

Vor einiger Zeit haben Simon und Reich gründliche Untersuchungen nach dieser Richtung hin angestellt, die das Unrationelle der jetzigen Methode zur Erzeugung elektrischer Schwingungen in ein grelles Licht gesetzt haben; an Stelle der Induktorien und Luftfunkenstrecken erscheinen hochgespannte Gleichstromquellen und Vakuumfunkenstrecken (z. B. Quecksilberlampen) entschieden geeigneter zu sein. Auf Wiedergabe von Einzelheiten aus den interessanten Versuchen dieser Forscher müssen wir hier verzichten und verweisen den Leser auf die darüber im Anhang angegebene Literatur.

Luftdraht: Auf den Ostseestationen wurde als Luftdraht (auch Antenne genannt) ein mit Guttaperchaisolation umgebener, 10 Millimeter dicker Litzendraht benutzt, der am Ende sich zu dem 20 Meter langen, sogenannten „Netz“ erweiterte; eine Anzahl Ringe sind mit unter sich an den Enden metallisch verbundenen isolierten Drähten überzogen, und das Ganze bildet so einen langgestreckten Käfig, den man Netz nennt, das natürlich durch Anlöten in metallischen Kontakt mit dem Draht gebracht ist.

Wollte man am besten theoretischen Erfordernissen genügen, so würde es sich empfehlen, nicht solche inhomogene Antennen zu verwenden, sondern nur ein einziges großes Netz oder viele Drähte, weil nämlich an Stellen, wo die Beschaffenheit des Luftdrahtes sich ändert, eine Reflexion der elektrischen Wellen eintreten wird.

Durch Rechnung und Experiment haben ABRAHAM und DRUDE gezeigt, daß die Dämpfung durch Strahlung mit abnehmendem Querschnitt verschwindend klein wird. Die Dämpfung durch Strahlung soll aber im Luftdraht so groß wie möglich sein, und gerade deshalb empfiehlt sich die Benutzung des Netzes. DRUDE formuliert die Bedeutung desselben mit den Worten, daß eine Vielfachantenne (Netz), die eventuell inhomogen sein kann (Draht mit Netz), wirke wie eine Einfachantenne aus einem Draht, dessen Radius gleich ist dem Radius (bei wenigen Drähten der Vielfachantennenstücke), bezw. dem Durchmesser (bei vielen Drähten der Vielfachantennenstücke) des für die ganze Länge geltenden, von den Antennendrähten umspannten mittleren Querschnittes (als Kreis berechnet).

Es resultieren also durch Benutzung des Netzes ganz wesentliche Vorteile, auch in praktischer Hinsicht, als Ersatz für sonst notwendige dicke Luftdrähte von großem Gewicht. In erster Linie kommt natürlich die vergrößerte Strahlung in Betracht, und man muß das Augenmerk darauf gerichtet halten, alles zu vermeiden, was sie reduzieren kann; aus diesem Grunde ist es auch verfehlt, Spulen, welche die Energie zusammenhalten, in den Luftdraht einzuschalten, um dadurch etwa des Vorteils teilhaftig zu werden, eine größere Wellenlänge zu erzielen.

Im übrigen ist es ratsam, mit möglichst großen Wellenlängen zu arbeiten, schon um das Phänomen der „Beugung“ nach Möglichkeit auszubilden. Bekanntlich ist die geradlinige Form der Ränder eines Lichtbündels nur eine scheinbare, und es findet doch eine Abweichung der Strahlen von der geraden Richtung statt; bietet man ihnen ein Hindernis, das klein ist im Vergleich zur Wellenlänge, so beugen sich auch beim Licht die Wellen um das Hindernis herum. Je größer die Wellenlänge, um so stärker ist die Erscheinung der Beugung, weshalb es durchaus nicht verwunderlich ist, daß sich die viele hundert Meter langen elektrischen Wellen schon um kolossale Hindernisse herumlegen und hinter denselben noch Wirkungen hervorrufen können.

Der Vollständigkeit wegen sei noch bemerkt, daß die Eigenwelle eines mit Isoliermaterial umgebenen Drahtes etwas größer ist als die eines gleichen blanken Drahtes; die Kapazität ist nämlich im ersteren Falle eine größere infolge der Diëlektrizitätskonstante des Isoliermaterials.

Nach diesen Ausführungen ist es erklärlich, daß auf dem offenen Meere, wo alle Hindernisse fehlen, die Übertragung auf größere Entfernungen als auf dem Lande möglich sein muß, denn trotz der Beugung wird im „Schatten“ der Hindernisse die Wirkung immer eine schwächere sein. Es kommt dazu, daß die elektromagnetischen Wellen durch den Luftdraht annähernd vertikal polarisiert werden und deshalb durch die auf dem Erdboden vertikal stehenden Hindernisse notwendigerweise geschwächt werden müssen.

Das stark ausgesprochene Phänomen der Beugung großer Wellen erklärt auch vollständig den Erfolg MARCONIS in jüngster Zeit, über den Atlantischen Ozean zu telegraphieren trotz der dabei zu überwindenden gewaltigen Erdkrümmung.

Für viele Forscher war dies jedoch die Veranlassung, zur Erklärung der Möglichkeit noch eine Elektrisierung der Erde und Fortleitung der elektromagnetischen Wellen in derselben in Erwägung zu ziehen. — Eine solche Frage hat natürlich, wie wir wiederholen, mit der Beurteilung der Erdung des Senders an sich direkt nichts zu tun, welche überdies bei der BRAUNschen Anordnung meistens nicht angewendet wird. Nach der ganzen Natur der elektromagnetischen Wellen erscheinen solche Fragen jedoch wenig naheliegend, ja man könnte bei solcher Annahme zu dem Schluß, im Widerspruch mit den wirklichen Ergebnissen, gelangen, daß, mit Rücksicht auf die hohe Wechselzahl der Schwingungen, die Benutzung des Meerwassers eher ungünstiger für die Übertragung sein müßte. POINCARÉ erwähnt einen Versuch, daß ein Kohärer, der sich frei am Boden eines in die Erde gegrabenen Loches befand, gut funktionierte, aber versagte, wenn er eingegraben wurde, und zieht den plausiblen Schluß, daß von Leitung durch die Erde nicht die Rede sein könne.

Nach Versuchen des Verfassers hat man bei der glatten Erde und Meeresoberfläche in erster Linie zu berücksichtigen, daß man eine elektrisch reflektierende Fläche vor sich hat, und man hat sein Augenmerk darauf zu richten, daß durch diesen Umstand keine schädlichen Beeinflussungen hineingebracht werden. Letzteres ist z. B. der Fall, wie es der Versuch bestätigt, wenn die Luftdrähte parallel zur Erdoberfläche liegen. In diesem Falle interferieren die einfallenden und reflektierten Schwingungen so, daß die Wirkungen sich aufheben oder wenigstens schwächen.

Was die Lage des Luftdrahtes angeht, so konnten wir in Saßnitz durch Zufall eine eigentümliche Tatsache konstatieren, welche noch der wissenschaftlichen Erklärung bedarf. Im allgemeinen ist man zu der Ansicht geführt, daß es am wirkungsvollsten sei, die Luftdrähte von zwei korrespondierenden Stationen so auszuspannen, daß sie parallel liegen und daß ihre gemeinsame Ebene vertikal ist zur Verbindungslinie der beiden Stationen. Da aber bei der Vorbereitung der Stationen keine Rücksicht auf eine bestimmte Wellenlänge genommen zu sein schien und Mast und Stationsbude dicht beieinander standen, so blieb Verfasser nichts anderes übrig, als den benötigten 65 Meter langen Draht mit einem Knick auszuspannen. Zu Weihnachten 1902, nachdem bereits längere Zeit sicherer Betrieb vorhanden war, wurden die Stationen vollständig durch einen Orkan zerstört. Beim Wiederaufbau wurde die Gelegenheit benutzt, um die Stationsbude so zu verlegen, daß wenigstens der Bedingung einer, für die Strahlung theoretisch besten, geradlinigen Form des Luftdrahtes genügt werden konnte. — Das Ergebnis war gerade das Gegenteil von der vermuteten Verbesserung, denn der bisher gute Betrieb war jetzt plötzlich unter aller Kritik schlecht geworden. Wir wollen bemerken, daß die neue Lage des Luftdrahtes gegen Erde einem Winkel von circa 45° entsprach, so daß, wenn man bei vertikaler Lage eine beste Energieausstrahlung in der nutzbaren Horizontalebene voraussetzt, diese schräge Ausspannung nicht gerade die beste war; allein Untersuchungen in dieser Richtung brachten keine besonders auffallenden Verbesserungsmomente zutage. Nachdem recht verdrießliche Wochen verstrichen und schließlich alles, selbst die sich vorzüglich bewährt habenden Apparate, unschuldig verdächtigt waren, entschloß Verfasser sich endlich, die Stationsbude wieder an die alte Stelle zu versetzen. Und siehe da, der gute und konstante Betrieb war in derselben Minute wieder vorhanden.

An dieses Ergebnis angeknüpfte weitere Versuche ergaben das merkwürdige Resultat, daß es wesentlich darauf ankam, daß der Luftdraht in einem Winkel ausgespannt war und zusammen mit dem Mast eine Fläche bildete. Dagegen erwies sich auf beiden Stationen die relative Lage der Flächen zueinander als anscheinend belanglos; jedenfalls konnte man im Betrieb keinen Unterschied wahrnehmen, ob die Flächen zueinander senkrecht oder parallel lagen. Eine sehr auffallende, aber effektive Tatsache.

Bei MARCONIS Riesenstation in Poldhu (Cornwall-England) bilden unzählige Drähte die Mantelfläche eines abgestumpften Kegels mit der Spitze nach unten und bei großen Schiffsstationen eine Dreieckfläche. Es ist sehr gut möglich, daß dieser Umstand zu einer gesteigerten Wirkung mit beigetragen hat, obwohl das Motiv zur Anbringung so vieler Drähte natürlich ein anderes war.

Auf den Ostseestationen dienten zur Befestigung des Luftdrahtes starke Holzmaste von 50 Meter Höhe und konnte der Luftdraht vermittels einer Gaffel auf- und niedergelassen werden. Der oberste Ring des Netzes war durch drei Taue mit einem Hartgummiknüppel verbunden, welcher in einen kräftigen Porzellanisolator eingesetzt war; von letzterem aus geschah erst das Anbinden an die Gaffel, so daß eine vorzügliche Isolation garantiert war. Auch wurde dafür Sorge getragen, daß der Luftdraht möglichst entfernt von den eisernen Pardunen lag, welche den Mast hielten.

In eine passende Stelle einer Wand der Stationsbude war eine dicke Glasscheibe eingesetzt, in deren Mitte sich ein starker Hartgummistab mit einem metallischen Kern befand; an letzteren konnten innerhalb und außerhalb der Bude die Luftdrahtstücke durch Schrauben angeschlossen werden.

E n e r g i e: Zum Schlusse dieses Kapitels wollen wir uns noch eine Vorstellung zu machen suchen über die Energie, welche wir in Form elektrischer Wellen in den Raum hinaussenden.

Wie früher ausgeführt, ist die im Kondensatorkreis aufgespeicherte Energie bestimmt durch den Ausdruck $\frac{CV^2}{2}$, in welchem C die Kapazität bedeutet und V das Entladungspotential.

Die Kapazität betrug circa 0,007 Mikrofarad $= 7 \cdot 10^{-18}$ absolute Einheiten und das Potential bei benutzter 1 Zentimeter langen Funkenstrecke 30000 Volt oder $30000 \cdot 10^{8}$ absolute Einheiten.

Es ist also

$$\frac{CV^2}{2} = \frac{7 \cdot 10^{-18} \cdot (30000 \cdot 10^{8})^2}{2} = 3{,}15 \cdot 10^7 \text{ Erg} = 3{,}15 \text{ Watt-Sek.}$$

Die Wellenlänge betrug 300 Meter, also die Schwingungsdauer 10^{-6} Sekunden; eine Berechnung nach WIEN ergibt ferner, daß nach etwa sechs Schwingungen die Anfangsamplitude auf einen kleinen Wert gesunken sein wird, d. h. nach einer Zeit von $6 \cdot 10^{-6}$ Sekunden. Unter Berücksichtigung der Verluste können wir weiter annehmen, daß nur ein Drittel der Gesamtenergie während dieser Zeit durch Strahlung nutzbar gemacht wird. Die Energie an sich ist also klein, allein da sie in einer äußerst kurzen Zeit verausgabt wird, so ist die Leistung doch eine gewaltige. Unter Benutzung obiger Zahlen bestimmt sich der Effekt durch den Ausdruck $\frac{3{,}15}{3 \cdot 6 \cdot 10^{-6}}$ Watt = circa 180 Kilowatt oder circa 245 Pferdekräften.

Wir sehen also, daß wir es mit ganz fabelhaften Erregungen zu tun haben, und wir können, wie früher ausgeführt, das Explosionsartige der Energieabgabe noch weiter durch engere Kopplung steigern. So gelangt M. WIEN für einen Fall fester Kopplung (bei allerdings auch noch mehr als dreimal größerer Kapazität) mit nur zwei bis drei Schwingungen zu einer mittleren Leistung von circa 2000 Pferdekräften. In einem Abstand von einer Viertelwellenlänge (vergleiche Seite 28), also von 75 Meter vom Sender, hätten wir demnach eine Strahlung von ganz riesiger Intensität, welche die Sonnenstrahlung auf der Erdoberfläche erheblich übertrifft. Wollten wir eine solche Strahlung dauernd aufrechthalten, so hätten wir also in jeder Sekunde eine Energie von 2000 Pferdekräften dem Primärkreis zuzuführen. Solche Riesenkanonenschüsse müssen natürlich in sehr große Entfernung dringen, aber ..... sie werden auch jeden beliebigen Empfänger anregen und von der Möglichkeit einer Abstimmung kann keine Rede sein. Zu welch unhaltbaren Zuständen eine solche Methode führen muß, liegt auf der Hand, und ohne die Ausbildung relativ großer Störungsfreiheit durch feinste Abstimmung würde der praktische Wert der drahtlosen Telegraphie auf die Dauer illusorisch werden.

Anstatt fester müssen wir also die Kopplung immer loser zu machen suchen, und nur mit ganz loser Kopplung ist schließlich eine vollwertige Ausnutzung des Resonanzprinzips infolge der verminderten Dämpfung erreichbar.

Freilich zeigt eine weitere Berechnung nach Wien, daß wir die geringe Dämpfung durch eine enorme Verkleinerung der Potentialamplituden teuer erkaufen müssen, so daß dadurch bei gleichem primären Energieaufwand die Übertragungsweite ganz beträchtlich reduziert wird. Hier kommt jetzt alles auf die Qualität der Empfangsdispositionen an. Eine geringe Dämpfung muß auch im Empfänger eine weitgehende Realisation des vollkommenen Resonanzeffektes und so eine subtile Abstimmung ermöglichen, so daß selbst ein schwacher, aber langsam abnehmender Wellenzug den Empfänger, und zwar nur einen einzigen bestimmten, zur Anregung bringen kann, während alle übrigen Empfangsanordnungen mit abweichender Tonhöhe die auftreffenden schwachen Impulse nicht anzusammeln vermögen. In diesem Sinne ist der Empfänger in der Tat schon heute weit entwickelt und erfüllt hinsichtlich minutiöser Empfindlichkeit infolge kleiner Dämpfung und schärfster Syntonie bereits sehr weitgehende Ansprüche, demgegenüber man im Geber noch unendlich weit vom idealen Ziel entfernt ist.

Von der Größe maximaler Potentialamplitude im Sender bei heutiger normaler Kopplung erhält man durch Rechnung ein anschauliches Bild. Arbeitet man, wie gewöhnlich, im primären Kreis mit circa 30000 Volt, entsprechend 1 Zentimeter Funkenstrecke, so wird sich die Spannung im sekundären System auf viele hunderttausend Volt belaufen; sie kann nach Wien ohne Berücksichtigung der Dämpfung auf das $\sqrt{\frac{L_2}{L_1}}$-fache (worin L_2 und L_1 die Selbstinduktionskoeffizienten des sekundären und primären Systems bedeuten) hinaufgetrieben werden.

Die gewaltigen, aber physiologisch ungefährlichen Funken, welche man dementsprechend aus den Metallplatten des Sekundärgebildes gegen Erde ziehen kann, haben uns in Saßnitz mehrfach dazu gedient, um unerbetenen Besuchern einen heilsamen Schrecken einzujagen.

Zehntes Kapitel.

Apparate.

In Figur 26 und 27 hatten wir bereits dem Leser das Kondensator-Flaschensystem und den Transformator mit den Induktionsspulen durch Abbildungen vorgeführt.

Fig. 39. Induktor.

Ein wichtiger Bestandteil der heutigen Geberanordnungen ist ferner der Induktor, von welchem Figur 39 ein Bild gibt. Bekanntlich enthält ein solcher Apparat zwei getrennte Stromkreise; im primären Kreis befindet sich eine Stromquelle (elektrische Zentrale oder Akkumulatoren) und ein sogenannter Unterbrecher, von dem wir noch verschiedene Formen beschreiben werden. Durch die regelmäßigen und kurz aufeinander folgenden Unterbrechungen des primären Kreises mit wenigen Windungen werden im sekundären Kreis mit einer großen Zahl von Windungen hochgespannte Ströme mit wechselnder Richtung induziert; wegen seiner viel höheren Spannung sollte praktisch allerdings nur der Öffnungsstrom, entstehend bei der Unterbrechung des primären Stromes, und mit ihm gleichgerichtet, für die Entladung in Betracht kommen.

Über den Bau wirksamer Induktorien kann der Leser sich in Spezialwerken informieren; für die Zwecke der drahtlosen Telegraphie tritt ein ganz spezieller Gesichtspunkt in den Vordergrund, nämlich, daß es weniger darauf ankommt, riesige Spannungen zu erzeugen, denn die Funkenstrecke ist meistens nur bis 1 Zentimeter groß, als vielmehr die enormen Elektrizitätsmengen a tempo in Bewegung zu setzen, welche das große Energiereservoir des Kondensatorkreises benötigt. Bei kleiner Zeitkonstante (proportional Produkt aus Kapazität und Widerstand) muß daher der sekundäre Stromkreis auf möglichst kleinen Widerstand berechnet sein. Die gewöhnlichen, auf große Schlagweite konstruierten Induktorien sind meistens für die großen Kapazitätsbelastungen ungeeignet, und die steigenden Anforderungen der drahtlosen Telegraphie haben auch nach dieser Richtung dahin geführt, die in Betracht kommenden Momente wissenschaftlich klarzustellen. Bei den modernsten Ausführungen wird auch einer möglichen Resonanz der langsamen Schwingungen des Induktors Rechnung getragen, und es scheint, daß durch solche Resonanzinduktorien die Aufgabe einer rationellen Aufladung des großen Leidener Flaschensystems zufriedenstellend gelöst worden ist.

Fig. 40. WEHNELT-Unterbrecher.

Als Unterbrecher wurde auf den Ostseestationen ausschließlich der WEHNELT-Unterbrecher benutzt, welcher durch Figur 40 veranschaulicht wird. Die Unterbrecher haben also die Aufgabe, den primären Stromkreis, sobald die Stromquelle eingeschaltet wird, automatisch regelmäßig zu unterbrechen und bei dem WEHNELT-Unterbrecher wird dieser Zweck mit Hilfe eines elektrolytischen Vorganges erreicht. Das Gefäß des WEHNELT-Unterbrechers hat innen einen Bleimantel, der mit dem negativen Pol der Elektrizitätsquelle in Verbindung ge-

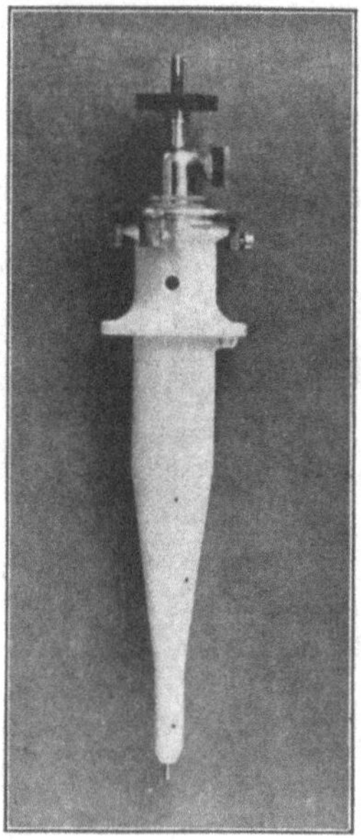

Fig. 41. WEHNELT-Einsatz für Anode.

bracht, also zur Kathode gemacht wird. Als Anode dient ein Platinstift, der durch eine Porzellandüse, wie in vorstehender Figur 41 separat abgebildet, hindurchgeführt ist. Der Platinstift kann vermittels einer Schraube von oben mehr oder weniger tief in die Flüssigkeit eingetaucht werden, wodurch man die Stromstärke, mit welcher man arbeiten will, zu regulieren vermag; durch die Porzellandüse werden auch Explosionen verhindert. Als Elektrolyt dient verdünnte Schwefelsäure von 14—15° Beaumé. Das Arbeitsprinzip beruht darauf, daß bei genügend starkem Strom eine dünne Schicht der Flüssigkeit, welche den Platinstift umgibt, zum Verdampfen gebracht wird. Die entstehende Dampfhülle unterbricht den Strom, aber sofort zerreißt durch mechanische Wirkung der Selbstinduktions-Öffnungsfunke, welcher bei der Unterbrechung entsteht, die Dampfhülle wieder und bringt die Flüssigkeit aufs neue in Kontakt mit dem Platinstift. Vertauscht man zufällig einmal die Pole, so findet man, daß der Wehnelt schlecht oder gar nicht funktioniert. Diese Polarität hat KLUPATHY veranlaßt, den Sachverhalt noch gründlicher klarzustellen, wobei er fand, daß zur Erklärung des Phänomens die entwickelte JOULEsche Wärme nicht ausreiche, daß vielmehr auch noch das Entstehen von PELTIERscher Wärme zu berücksichtigen sei, und letztere kann positiv oder negativ sein, je nach der Stromrichtung. Macht man, wie es sein muß, den Platinstift zur positiven Elektrode (Anode), so summieren sich beide Wärmewirkungen und es tritt der oben geschilderte Prozeß ein; macht man ihn irrtümlicherweise zur Kathode, dann kommt keine isolierende Wasserdampfhülle zustande, sondern der Strom wird durch eine bei der Elektrolyse erzeugte Schicht von Wasserstoff geschwächt und es kommt bei genügend äußerer Spannung ein Lichtbogen zustande, der den Platinstift abschmilzt. Der WEHNELT-Unterbrecher liegt also im primären Induktorkreis und bedarf dessen Selbstinduktion zum Funktionieren. Durch mehr oder weniger tiefes Eintauchen des Platinstiftes kann man die Frequenz der Unterbrechungen in weiten Grenzen variieren bis zu mehreren Hunderten in der Sekunde; dabei gibt der Wehnelt einen Ton von sich, aus dessen Höhe man die Frequenz bestimmen könnte, und natürlicherweise hat man dann auch die gleiche Frequenz von Entladungskomplexen im Kondensatorkreis. Die Häufigkeit der Unterbrechungen, welche man mit dem Wehnelt erzielen kann, macht seine starke Seite aus, denn wir haben ja erfahren, wie schnell ein Entladungskomplex erlischt, so daß die Entladungen sich schnell aufeinander folgen müssen, wenn wir beim Telegraphieren eines MORSE-Striches wirklich auch auf dem Empfangsapparat einen Strich und nicht eine Reihe von getrennten Punkten verzeichnen wollen. Von diesem Umstand hängt also unter sonst gleichen Bedingungen auch die Telegraphiergeschwindigkeit ab.

Die Schattenseiten des Wehnelt sind aber ebensogroß wie seine Lichtseiten. Zunächst arbeitet er unter einer gewissen Minimalspannung von 40—50 Volt überhaupt nicht und die Energie, welche er konsumiert, ist sehr bedeutend. Dann bringt die Benutzung der Säureflüssigkeit viele Unzuträglichkeiten mit sich; sie bedingt ein häufiges Reinigen des Apparates und die Dämpfe werden, falls man auf einen geschlossenen Raum angewiesen ist, lästig. In der Natur des WEHNELT-Phänomens liegt es ferner begründet, daß der Unterbrecher warm und bei starkem Betrieb sogar heiß wird; dann passiert es sehr oft, daß die Unterbrechungen aussetzen und es gibt ärgerliche Störungen.

Von diesen letzteren Übelständen frei sind die jetzt meistens verwendeten Quecksilberturbinen-Unterbrecher.

Fig. 42. Quecksilberturbinen-Unterbrecher.

Die vorstehende Figur 42 zeigt einen solchen mit der bekannten kardanischen Aufhängung, mit welcher die Unterbrecher für Benutzung an Schiffsbord montiert werden. Ein kleiner Motor treibt eine Turbine; durch ihre vertikale hohle Achse hebt sie aus einem eisernen

Behälter Quecksilber und schleudert dasselbe in Form eines Strahles durch eine kleine Öffnung. Das Quecksilber bildet den einen Pol des Stromleiters, den anderen Pol bilden eine Anzahl von Metallvorsprüngen, welche isoliert eingesetzt sind in das Flächenband, über welches der Quecksilberstrahl streicht. Trifft also der Strahl einen solchen Vorsprung, so ist der Strom geschlossen,

Fig. 43a. MORSE-Taster.

während die Zwischenräume ihn wieder unterbrechen. Über dem Quecksilber, welches sich immer wieder auf dem Boden sammelt, befindet sich eine isolierende Flüssigkeit, wie z. B. Alkohol.

Dieser Unterbrecher erfordert jedoch auch eine sehr häufige Reinigung und die bewegten Teile bilden eine sehr unangenehme Zugabe.

Für eine absolute Betriebssicherheit muß man an die Apparate die Anforderung stellen, daß sie einfach zu warten und so selten wie möglich reparaturbedürftig sind. Diesem Ziel wird man sich nur nähern, wenn man an Stelle des unterbrochenen Gleichstromes passenden Wechselstrom für den primären Stromkreis des Induktors, falls man diesen überhaupt beibehält, verwenden würde.

MORSE-Taster. In dem primären Stromkreis des Induktors befindet sich ferner der sogenannte MORSE-Taster,

Fig. 43 b. MORSE-Taster.

den Figur 43 vorführt. Es ist im allgemeinen ein Stromschlüssel, wie bei der gewöhnlichen Telegraphie, der bekanntlich den Zweck erfüllt, durch kürzeres oder längeres Anschließen der Stromquelle ein Telegraphieren nach dem MORSE-Alphabet zu ermöglichen. — Die Konstruktion des Tasters in unserem Falle ist eine solche, daß sie der Benutzung starker Ströme und anderen besonderen Bedingungen angepaßt ist. Die Kontaktstücke tragen dicke Platinköpfe, um ihr schnelles Abschmelzen möglichst zu reduzieren; ferner befinden sie sich zwischen den Polen eines Elektromagneten, welcher zum Stromkreis parallel angeschlossen ist. Durch diese sogenannte magnetische Funkenlöschung wird der starke Selbstinduktions-Öffnungsfunke sofort auseinandergerissen, wodurch die für klare Zeichengebung erforderlichen instantanen Unterbrechungen erzielt werden. Zu dem Zwecke ist auch der Hub des Tasterhebels erheblich größer gehalten als bei den Tastern in der Drahttelegraphie, wo nur schwache Ströme zu unterbrechen sind. Die Beamten der Post, welche wiederholt auf den Ostseestationen den Betrieb praktisch probierten, mußten sich deshalb erst in die spezielle Technik des drahtlosen Telegraphierens hineinfinden, ehe sie mit Wellenzügen so gut wie mit Stromstößen telegraphieren konnten.

Wir haben dem Leser nunmehr die Apparate und Anordnungen, wie solche zur Erzeugung elektrischer Wellen auf den Ostseestationen benutzt wurden, vorgeführt und halten es für angebracht, jetzt auch das äußere Bild der Station Saßnitz in Figur 44 zu zeigen, wobei wir auf die erkennbare besondere Führung des Luftdrahtes nochmals hinweisen. Den Gang der Inbetriebsetzung der Senderstation wollen wir zum Abschluß dieses Kapitels zusammenfassend durch folgende Etappen markieren.

Zunächst geeignete Ausspannung des Luftdrahtes, Anschluß an die Sekundärspule und Ausbalancierung durch eine richtig bemessene Gegenkapazität, deren Wert man durch Rechnung oder empirisch finden kann. —

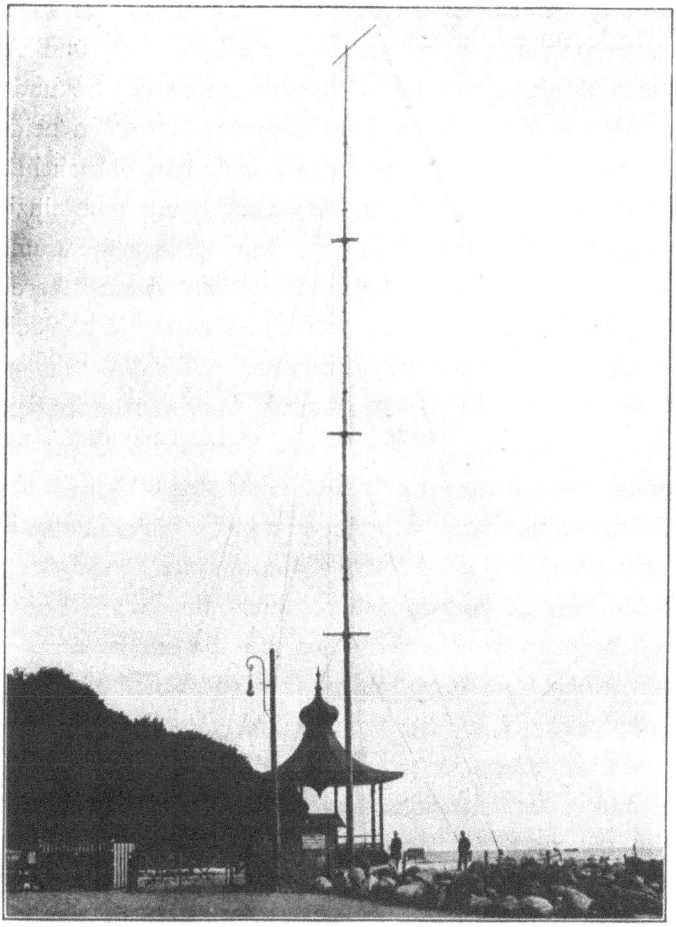

Fig. 44. Station Saßnitz.

Feststellung der Eigenschwingung dieses ganzen Sekundärgebildes durch Erregung für sich als HERTZscher Oszillator vermittels einer Funkenstrecke. — Ermittlung der Eigenschwingung des primären Kondensatorkreises und Abgleichung derselben auf die Schwingung des Sekundärgebildes. — Kann man lose Kopplung zwischen beiden anwenden, und ihre Benutzung soll nach Möglichkeit erstrebt werden, so ist für den Betrieb nur eine einzige Schwingung wirksam, welche mit dem gemeinsamen Eigenton des primären und sekundären Systems übereinstimmt; ihre Dämpfung kann annähernd auf diejenige des primären Kreises gebracht werden. — Muß man mit Rücksicht auf die Größe der zu überbrückenden Entfernung eine festere Kopplung — Normalkopplung — anwenden, so hat man durch den Wellenmesser die nunmehr resultierenden zwei Schwingungen im Sekundärsystem festzustellen. War absolute Syntonie der Einzelsysteme vorhanden, so ist von den resultierenden Schwingungen die eine um ebenso viel höher wie die andere tiefer als der gemeinsame Eigenton und beide haben die gleiche Dämpfung. War die Syntonie keine vollständige, so ist die Differenz in den Schwingungszahlen der beiden resultierenden Schwingungen größer als im Falle der Syntonie und die Dämpfungen sind verschieden. Die weniger gedämpfte Welle ist im allgemeinen die für den Betrieb allein wirksame.

Elftes Kapitel.

Der Empfänger.

Wir wenden uns nunmehr einer eingehenden Klarstellung der Verhältnisse in den Empfangsdispositionen zu, welche wir speziell aus dem Gesichtspunkt der Erzielung einer möglichst scharfen Selektionsfähigkeit entwickeln wollen.

Allgemein sollte der Empfänger in gewissem Sinne die Umkehrung des Senders sein, und wir waren deshalb zu einem Schema gelangt, welches das Prinzip zu erfüllen schien; in Figur 45 ist dasselbe nochmals reproduziert.

Ein primärer Kreis, der mit den Ansätzen (Luftdraht — Gegenkapazität) gekoppelt ist, kommt durch die auftreffenden und sich ansammelnden Impulse, welche der Luftdraht zuführt, ins elektrische Tönen, analog wie eine große Glocke, die trotz ihrer schweren Masse durch die stets im richtigen Takt erfolgenden Anstöße eines Knaben in Schwingung versetzt werden kann, oder wie die Stimmgabel, welche auf eine gleichgestimmte tönende Stimmgabel resoniert, welches Bild wir früher zum Vergleich heranzogen. — Selbstredend darf hier der Kreis keine Funkenstrecke enthalten, weil sonst die ersten schwachen Oszillationen, welche unaufhörlich verstärkt werden sollen, gar nicht entstehen könnten.

Durch einen Sekundärkreis wird die Energie auf den Kohärer in der für ihn passendsten Form konzentriert.

Das Ganze müßte, wenn die zugrunde liegenden Voraussetzungen erfüllt sein sollten, als ein ungedämpftes Schwingungsgebilde aufzufassen sein.

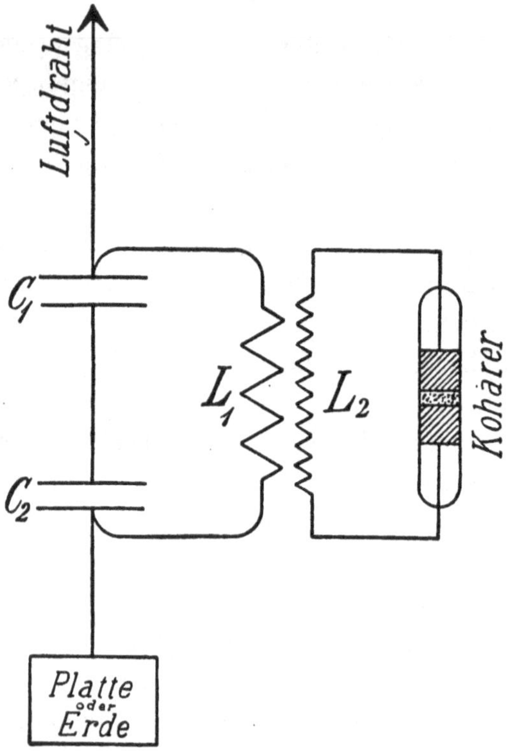

Fig. 45. BRAUN-Empfänger.

Die Kopplung zwischen beiden Kreisen war nun ursprünglich eine ziemlich feste, indem die sekundären Windungen sich unmittelbar innerhalb der primären befanden.

Dabei zeigte es sich nun aber sofort, daß in einer solchen Anordnung die gemachten Prämissen nicht erfüllt sein konnten. Man durfte nämlich zunächst den primären Kondensator (regulierbaren Luftkondensator) relativ sehr stark verstellen, ohne den Betrieb zu inhibieren.

Ferner konnte die Windungszahl der sekundären Spule in sehr weiten Grenzen variiert werden, ohne die Güte der Zeichen zu beeinflussen, und es stellte sich eklatant die Rückwirkung auf das primäre System heraus, und zwar im Sinne einer Vertiefung der Schwingung. Die Schwingungsdauer des letzteren konnte deshalb auch stark erhöht (jedoch weniger vertieft) werden, um die Zeichen verschwinden zu lassen. Vermehrte man die Windungszahl der sekundären Spule, so hatte man die Windungszahl der primären Spule zu erniedrigen und vice versa, um den Betrieb auf die wirksame Welle wieder einzustellen. — Offenbar hatte man es also in dem kompletten Empfangssystem nicht mit einem ungedämpften komplexen Gebilde aus zwei Faktoren, über welche man frei verfügen sollte, sondern gewissermaßen mit einem einzigen System zu tun, das durch die Ansätze sehr stark gedämpft war. Die feste Kopplung, welche sich für den einfachen Betrieb gut bewährt hatte, erwies sich für eine zu erstrebende scharfe Selektionsfähigkeit als unzulänglich, wie sich nun auch leicht einsehen läßt; denn die Aufgabe, ein stark gedämpftes Empfangssystem auf eine stark gedämpfte Senderschwingung in Resonanz zu bringen, enthält a priori eine unerfüllbare Forderung.

Nach vorstehend erwähnten Versuchen lag es nahe, wie wir nunmehr vorzugehen hatten. Primärer und sekundärer Kreis mußten bezüglich einer Rückwirkung

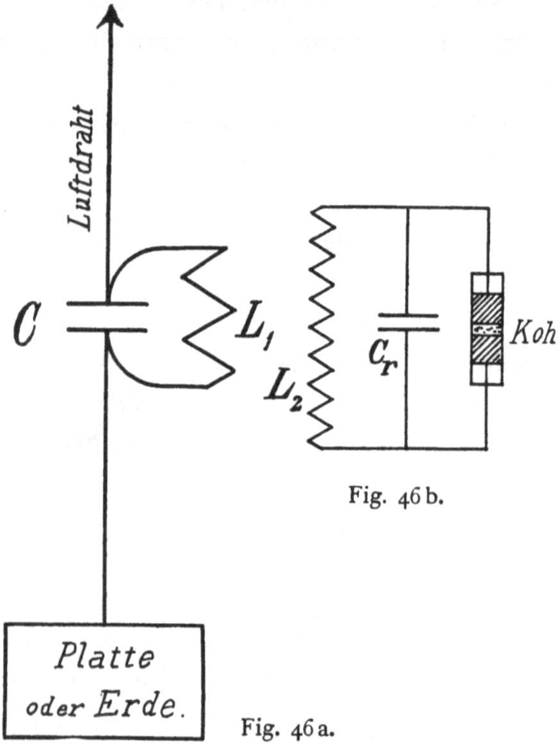

Fig. 46b.

Fig. 46a.

Fig. 46. BRAUN-Empfänger mit geschlossenem, abstimmbarem Sekundärkreis.

durch lose Kopplung unabhängig voneinander gemacht werden und den sekundären Kreis hatte man ferner in einem solchen Sinne zu entwickeln, daß er ein selbständiges und schwach gedämpftes resonanzfähiges Gebilde darstellte, das man auf die wirksame Senderschwingung abstimmen konnte. Um diese Zwecke zu erreichen, wurde parallel zur Sekundärspule ein regulierbarer Luftkondensator gelegt, wie das gegenüberstehende Schema (Figur 46b) erkennen läßt, in welchem C_r den regulierbaren Luftkondensator bedeutet.

Gleichzeitig wurde die Kopplung immer loser gemacht und wir hatten schließlich folgende Dimensionen: Durchmesser der primären Spule 23,2 Zentimeter, 6 Windungen Kupferdraht 1 Millimeter (2,5 Millimeter mit der isolierenden Guttaperchahülle). Durchmesser der sekundären Spule 10,3 Zentimeter mit 50 Windungen des gleichen Drahtes, wobei sich die sekundäre Spule in der Mitte der Fläche der primären Spule befand und die unterste Windung der ersteren noch oberhalb der obersten Windung der letzteren lag. Die Kopplung war also sehr lose und gibt die folgende Figur 47 ungefähr ein Bild davon. Auf den ersten Anblick sollte man glauben, daß auf diese Weise überhaupt keine Wirkungen mehr zu erzielen sein würden; aber gerade das Gegenteil erwies sich als richtig, wie es auch die Theorie voraussieht. Um die günstigste Kopplung und Stellung der Sekundärspule ermitteln zu können, war letztere auf einer vertikalen Achse auf und ab beweglich, ferner auch mit der Achse seitlich verstellbar gemacht.

Bei der Parallelschaltung eines Kondensators zum Sekundärkreis mußte alles auf das Verhalten des Kohärers ankommen und sie mußte unmöglich sein, wenn der Kohärer als Leiter oder als große Kapazität wirkte. Das

Resultat unserer Untersuchungen, welches alle unsere Erwartungen weit übertraf, schaffte auch in dieser Hinsicht Klarheit und zeigte zur Evidenz, daß der Kohärer im gewöhnlichen Zustande als großer Widerstand und kleine

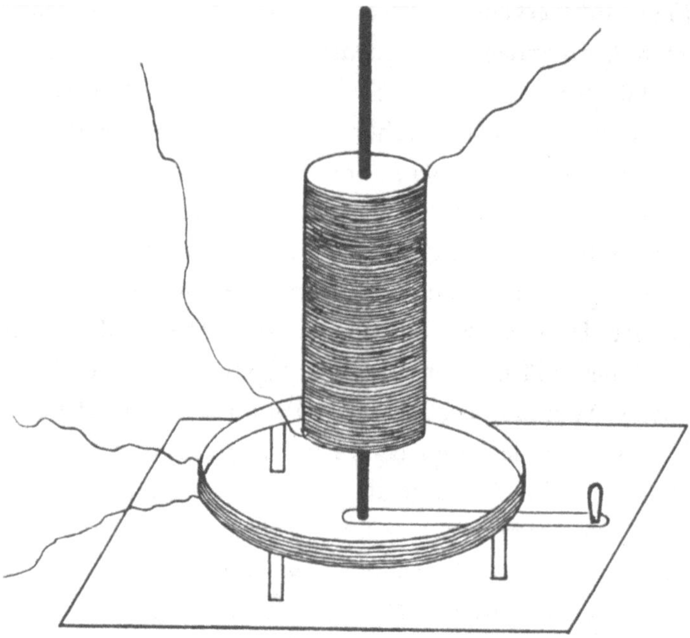

Fig. 47. Lose Kopplung zwischen den Schwingungskreisen im Empfänger.

Kapazität aufzufassen ist, ja unsere Versuche führten uns, wie wir noch sehen werden, direkt dazu, in sehr einfacher Weise seine kleine Kapazität zu bestimmen.

Nach diesen Feststellungen griffen wir unsere Untersuchungen systematisch an aus dem Gesichtspunkt, zunächst im primären, dann im sekundären Kreis die günstigsten Verhältnisse für die Verteilung von Kapazität und Selbstinduktion zu eruieren.

Primärkreis: Für das primäre Energiereservoir benötigen wir, wie ohne weiteres klar ist, eine große Kapazität; wir erzielen dadurch eine große Stromstärke, welche für die Transformation auf den Sekundärkreis günstig ist.

Ferner zeigt die Theorie, daß es auch mit Rücksicht auf Selektionsfähigkeit darauf ankommt, im Verhältnis zu den Ansätzen große Kapazität zu wählen, um der Bedingung einer losen Kopplung zwischen Kondensatorkreis und Ansätzen Genüge zu leisten.

Wir wollen in Zukunft zur Abkürzung die Kapazität stets mit C und die Selbstinduktion mit L bezeichnen. Wir begannen unsere Versuche mit $C = o$, und vergrößerten langsam bei gleichzeitig passend verändertem L_1. Bei C gleich nur 60—150 Zentimeter elektrostatisch (in welcher Weise die Skala des betreffenden Kondensators eingeteilt war und ist bekanntlich $9 \cdot 10^5$ Zentimeter = 1 Mikrofarad) waren die Zeichen bei loser Kopplung noch sehr schlecht; sie wurden sofort gut bei fester Kopplung, dann aber war die Abstimmungsmöglichkeit illusorisch.

Bei fortschreitender Vergrößerung von C und entsprechender Verkleinerung von L_1 wurde die Selektion und Betriebssicherheit mit wieder lose gemachter Kopplung immer besser. So gelangten wir schließlich zu einer günstigsten Einstellung von C, welcher ein Wert für L_1 zugehörig war, wie er sich aus den auf Seite 135 angegebenen Dimensionen der Primärspule ergibt.

Wenn die wirksame Welle, wie früher bemerkt, wirklich 300 Meter war, so hätte der Kondensator bei etwa 1150 Zentimeter eingestellt sein müssen; statt dessen wies der Zeiger auf 750 Zentimeter. Diese Abweichung war aber durchaus qualitativ zu erwarten infolge der Ansätze; die letzteren wirken eben naturgemäß wie eine zusätzliche Kapazität und lassen deshalb die primäre Schwingung als vertieft erscheinen. Daß wir es tatsächlich mit einer wirksamen Welle von 300 Meter Länge zu tun hatten, davon konnten wir uns später durch äußerst scharfe Einstellung im Sekundärsystem überzeugen.

Eine weitere Vergrößerung von C im Primärkreis führte zu ungünstiger Beeinflussung des sicheren Betriebs; allein dennoch schien uns solche aus vorerwähnten Gründen noch weiter gefordert, und wir mußten auf einen Ausweg sinnen. Derselbe wurde gefunden durch eine neue Schaltung, wie sie Figur 48 schematisch darstellt. Anstatt, wie bisher geschehen, eines einzigen Kondensators, benutzten wir zwei hintereinander geschaltete variable Kondensatoren C_1 C_2, wodurch wir jeden erforderlichen Wert der Gesamtkapazität erzielen und dennoch gleichzeitig den Kopplungsgrad mit den in erkennbarer Weise angebrachten Ansätzen beliebig verändern konnten. Je größer C_2, um so loser wird jetzt die Kopplung, wobei wir natürlich C_1 entsprechend zu verkleinern haben. Die Gesamtkapazität C ist dabei bekanntlich bestimmt durch $\frac{1}{C} = \frac{1}{C_1} + \frac{1}{C_2}$, wobei wir, wie schon erwähnt, die vertiefende Wirkung der Ansätze in Rechnung zu ziehen haben.

Auf diese Weise erzielten wir in der Tat eine außerordentlich bessere Selektionsfähigkeit im primären Kreis, wenn auch allerdings noch relativ große Veränderungen in der Einstellung möglich waren, bevor die Zeichen ganz verschwanden; eine günstigste Einstellung des primären Kreises ließ sich aber unzweideutig schnell auffinden.

Demgegenüber ergab sich im sekundären Kreis nicht nur die Möglichkeit, sondern die direkte Not-

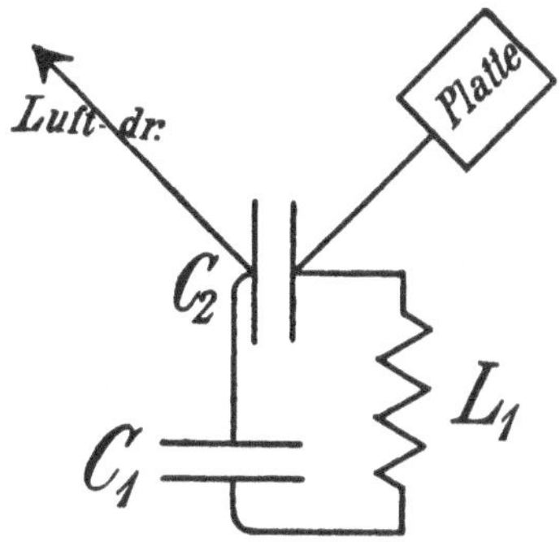

Fig. 48. Schaltung zur Regulierung des Grades der Kopplung zwischen Ansätzen und primärem Schwingungskreis.

wendigkeit einer äußerst präzisen Einstellung, wie wir nunmehr zeigen werden.

Sekundärkreis: Durch Vorversuche hatten wir bereits festgestellt, daß man im Sekundärkreis mit kleinen Kapazitäten arbeiten mußte und waren in diesem Sinne, vorläufig ohne Rücksicht auf beste Dimensionen, verfahren, um die vorerwähnten Untersuchungen im primären Kreis während des praktischen Betriebes verfolgen zu können.

Daß man im sekundären Kreis kleine Kapazität und große Selbstinduktion wählen mußte, war auch ohne weiteres vorauszusehen, denn der Kohärer reagiert auf Potentialdifferenzen und bedingt deshalb eine solche Einrichtung des sekundären Kreises, aus welcher eine Vergrößerung der Potentialamplitude resultiert.

Wir ermittelten schließlich als sehr günstig eine Spule von einem Durchmesser der Windungen $2r = 10{,}3$ Zentimeter (r = Radius), Anzahl der Windungen $n = 50$, Höhe der Spule $h = 12{,}8$ Zentimeter, aus welchen Dimensionen sich nach der im Anhang angegebenen DRUDEschen Formel die Selbstinduktion L_2 berechnen läßt. Die zugehörige Kapazität, wenn eine Welle von 300 Meter Länge wirksam war, betrug circa 110 Zentimeter.

Die Abstimmung erwies sich nunmehr als außerordentlich scharf; sobald aber die präzise Einstellung gefunden war, trat zugleich auch eine wesentlich höhere Empfindlichkeit zutage gegenüber derjenigen, welche wir früher im Betrieb mit fester Kopplung konstatiert hatten. Eine genaue Messung der wirklich vorhandenen Kapazität des Kondensators bei gefundener bester Einstellung, welche man nur außerordentlich wenig verändern durfte, um die Zeichen sofort zum Verschwinden zu bringen, ergab aber nun einen um circa 20 Zentimeter kleineren Kapazitätswert. Zunächst konnte man die Differenz hervorgerufen denken durch eine etwaige Kapazität der Spule selbst, allein eine Berechnung nach DRUDE ergab nur eine zu vernachlässigende Größenordnung derselben. Da wir ferner nicht annehmen konnten, daß eine von 300 Meter stark abweichende Wellenlänge wirksam sein sollte, so schien in unseren gänzlich lose gekoppelten Anordnungen nur noch eine einzige Möglichkeit zur Erklärung übrig zu bleiben, nämlich daß der Kohärer selbst die Kapazitätsdifferenz repräsentiere.

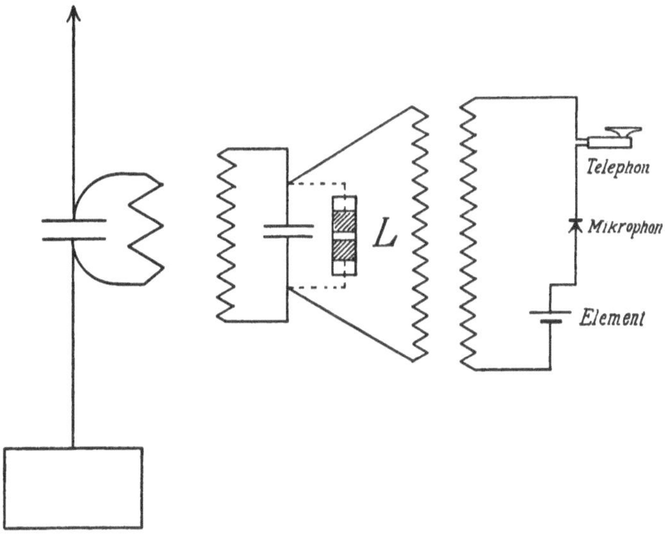

Fig. 49. Abstimmung im Empfänger vermittels des Mikrophon-Telephons.

Wir probierten verschiedene Methoden, um darüber Klarheit zu bekommen und gelangten schließlich zu vorstehender Schaltung (Figur 49) unter Benutzung des bekannten Mikrophon-Telephon-Empfängers oder „Hörers", den wir in einem späteren Kapitel beschreiben werden.

Der Kohärer wurde ausgeschaltet (seine sonstige Lage

ist in Figur durch gestrichelte Linien markiert) und an seiner Stelle eine Induktionsspule L angebracht von einer solchen erheblichen Größenordnung, daß dadurch die Verhältnisse des sekundären Kreises nicht verändert werden konnten; von dieser großen Spule aus wurde der Mikro-

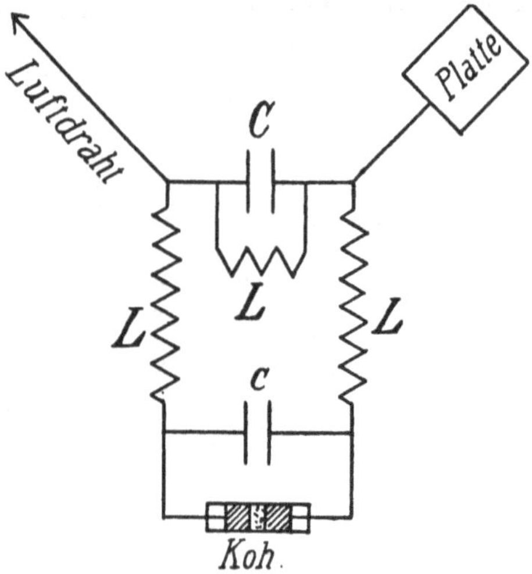

Fig. 50. Empfangssystem mit „direkter" Schaltung der Schwingungskreise.

phon-Telephonkreis induktiv erregt, wie aus der Figur ersichtlich ist.

Nun war es interessant, zu konstatieren, wie bei bestimmten Einstellungen des Primär- und Sekundärkreises die Stärke der Zeichen im Telephon deutlich ein Maximum wurden; die Auffindung dieser Stellen war so einfach, daß selbst unser Stationsarbeiter absolut sicher die schärfste Einstellung ausfindig machte.

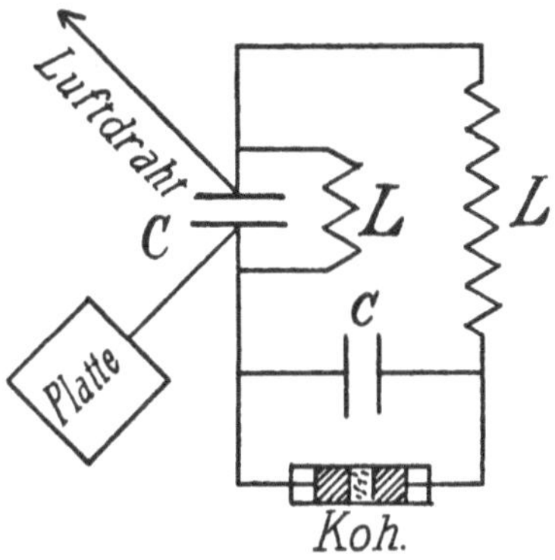

Fig. 51. Empfangssystem mit „direkter" Schaltung der Schwingungskreise.

In der Tat ergab sich jetzt das interessante Resultat, daß *nunmehr* die Einstellung *bei der berechneten*

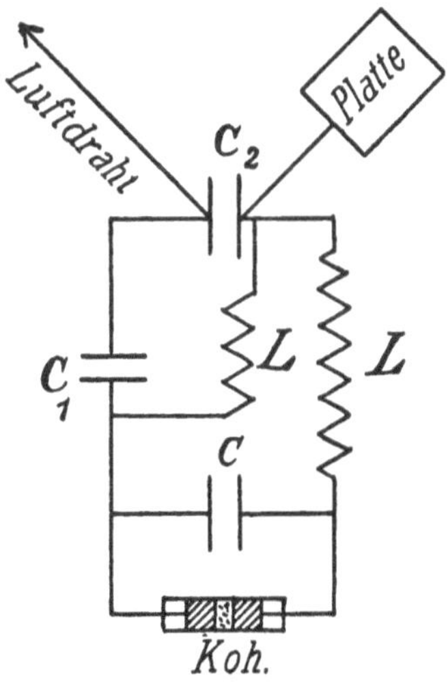

Fig. 52. Empfangssystem mit „direkter" Schaltung der Schwingungskreise.

Stelle am besten war. Der Kohärer deckte also die Differenz in der Kapazität und solche betrug etwa 20 Zentimeter elektrostatisch.

In analoger Weise untersuchten wir dann auch noch den Primärkreis für sich allein und ermittelten dabei ein Maximum der Stärke der Zeichen gerade an derselben Stelle der Kondensatoreinstellung, welche sich auch im Betrieb als am besten ergeben hatte, nämlich bei $C = 750$ Zentimeter.

Der „Hörer" erwies sich durch solche Schaltungen mit dem ganzen Schwingungskreis als ein vorzügliches Abstimmungsinstrument, mit welchem man eventuell in einfacher und schneller Weise im Empfänger die Größe wirksamer Wellen feststellen kann.

Aus unseren mannigfaltigen Experimenten wollen wir nur noch das folgende erwähnen: wurde nämlich auf der Gegenstation die Schwingungszahl des primären Kondensatorkreises durch Herausziehen von Leidener Flaschen auch nur wenig verändert, so blieben in Saßnitz sofort die Zeichen aus, und wir mußten andere Einstellungen eruieren, um den Betrieb wiederherzustellen. Abgesehen von der dadurch abermals erwiesenen Schärfe der Abstimmung lieferten wir so einen deutlichen Beweis, daß der primäre Kondensatorkreis des Senders die wirksame Welle bestimmt.

Der Vollständigkeit wegen geben wir ferner in den umstehenden Figuren 50, 51, 52 noch drei Schaltungen im Empfänger wieder, welche wir probierten, und bedürfen solche wohl keiner weiteren Erklärung. Diese direkten

Schaltungen würden vor der induktiven den Vorzug gehabt haben, daß man die erforderlichen Selbstinduktionen L durch in der äußeren Form kleine Spulen mit vielen Windungen hätte herstellen und so die ganzen Empfangsdispositionen sehr kompendiös hätte gestalten können. Allein diese direkten Schaltungen konnten mit der geschilderten lose gekoppelten induktiven Schaltung sowohl hinsichtlich Abstimmung wie auch Empfindlichkeit absolut keinen Vergleich aushalten, wie sich auch von Anfang an voraussehen ließ.

Zwölftes Kapitel.

Mehrfachtelegraphie.

Die Erfolge unserer Abstimmungsversuche führten uns nun bald einen Schritt weiter, nämlich zur Ausbildung einer Mehrfachtelegraphie, d. h. gleichzeitigem Arbeiten mit mehreren Stationen. Nach der konstatierten außerordentlichen Schärfe der Abstimmung mußte dies prinzipiell sofort möglich sein und es konnte sich nur noch um die passendste Verbindung von mehreren gleichzeitig zu betätigenden Empfängern handeln. — Auf unser Gesuch erhielt durch das liebenswürdige Entgegenkommen des Torpedo-Versuchskommandos die Militärstation für drahtlose Telegraphie auf Arkona (circa 30 Kilometer von Saßnitz) Befehl, sich jederzeit auf unseren Anruf zu melden und mit uns zu arbeiten. — Nach einigem Probieren hatten wir schon am zweiten Tage den sicheren gleichzeitigen Betrieb mit Arkona und Gr. Möllen hergestellt unter Benutzung der folgenden Schaltung (Figur 53). Die links gezeichneten Schwingungskreise dienten zur Aufnahme der Zeichen von Ar-

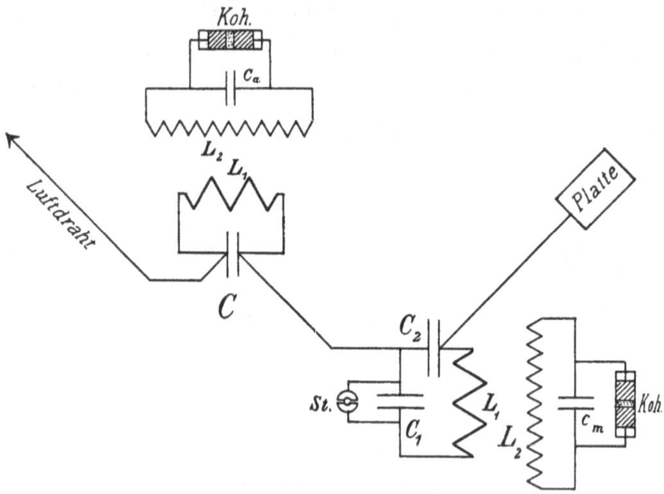

Fig. 53. Schaltung für Mehrfachtelegraphie.

kona, die rechts gezeichneten derjenigen von Gr. Möllen. Beide hatten natürlich lose Kopplung zwischen ihren primären und sekundären Kreisen und standen mit den Ansätzen (Luftdraht — Gegenkapazität) in der aus der Figur ersichtlichen Weise in Verbindung. Ein einziger Luftdraht diente also zur Erregung der hintereinander geschalteten Kreise, von denen jeder sich die ihm zugehörige Schwingung auswählte.

In dem primären Schwingungskreis für Gr. Möllen hatten wir noch eine besondere Vorrichtung angebracht, nämlich parallel zum Kondensator C_1 einen Stöpselkontakt *St*, mit welchem man durch Einsetzen des Stöpsels diesen Kondensator kurzschließen konnte. Der übrig bleibende Kondensator C_2 war dann in seiner Einstellung gerade so dimensioniert, daß er für die Wellenlänge von Arkona paßte. Man brauchte also dann nur noch den Kondensator c_m des sekundären Kreises auf die Welle von Arkona einzustellen, um auch auf diesem Apparat die Zeichen von Arkona anstatt von Gr. Möllen erscheinen zu lassen, trotzdem letztere Station natürlich weiter ihre Zeichen gab. Auf diese Weise hatte man es also in der Hand, beide Apparate auf Zeichen von Arkona oder den einen auf Arkona, den anderen auf Gr. Möllen funktionieren zu lassen.

So haben wir monatelang mit beiden Stationen gleichzeitig tadellos verkehrt, aber immerhin war die Abweichung in den beiden wirksamen Wellenlängen noch eine beträchtliche; es betrug nämlich nach den Einstellungen die Wellenlänge von Arkona circa 450 Meter, und in Gr. Möllen bekanntlich circa 300 Meter, wie durch den Wellenmesser später auch auf beiden Stationen bestätigend festgestellt wurde.

Wir bedurften noch eines Experimentum crucis und dazu sollten wir bald Gelegenheit haben bei der Vorführung der Stationen vor den Vertretern des Torpedo-Versuchskommandos, welche uns im Frühjahr 1903 mit ihrem Besuche beehrten.

Zu diesen Abstimmungsversuchen wurde S. M. S. „Nymphe“ ausgewählt, da die an Bord befindliche Station für drahtlose Telegraphie mit einer Wellenlänge von circa 350 Meter arbeitete. Die Differenz gegen unsere wirksame Welle betrug also nur etwa 15 Prozent.

„Nymphe“ entfernte sich langsam, während sie permanent „gab“ (Terminus technicus für drahtloses Telegraphieren), in der Richtung nach Gr. Möllen, wo ebenfalls unaufhörlich gegeben wurde. Als die „Nymphe“ circa 10 Kilometer von Saßnitz entfernt war, wäre es im Notfall schon möglich gewesen, die differenten Zeichen getrennt zu entziffern, dann aber nahm die Störungsfreiheit rapide zu und bei 15 Kilometer liefen auf dem einen Apparat absolut tadellos allein die Zeichen der „Nymphe“, während der andere Apparat völlig klar nur die Zeichen von Gr. Möllen (wie schon erwähnt circa 170 Kilometer von Saßnitz entfernt) registrierte.

Kapitänleutnant Most, der die Vorführung für das Torpedo-Versuchskommando leitete, ordnete dann an, daß „Nymphe“ das Alphabet von vorne geben sollte, während Gr. Möllen solches gleichzeitig von rückwärts telegraphieren mußte.

Es war dies eine scharfe Probe, da leicht ein falscher Punkt oder Strich an unrichtiger Stelle es dargetan hätte, falls auch nur die geringste Interferenz vorhanden gewesen wäre. Allein das Experiment lief in absoluter Reinheit ab. Bei einer Wiederholung desselben wurde dann auch von der vorhin erwähnten Stöpselvorrichtung, im Primär-Empfangskreis von Gr. Möllen, Gebrauch gemacht, indem durch Kurzschließen des Kondensators und Einstellen des Sekundärkreises a tempo auch hier die Schwingung der „Nymphe“-Station produziert wurde, so daß dann auf beiden Apparaten das Alphabet von vorne lief; in einem Moment konnte dann die Gr. Möllen-Einstellung wieder hergestellt werden und sofort liefen die Alphabete auf den beiden Apparaten wieder gegeneinander.

Zum Schluß wurden „Nymphe“ und Gr. Möllen verständigt, Fragen, welche wir stellten, gleichzeitig zu beantworten. Die selbständige Art und Weise, mit der dann die Apparate, oft wie in musikalischen Synkopen, ihre meistens völlig differenten Antworten herunterklapperten, trug dazu bei, die Situation auch heiter zu gestalten. Weder blieb ein einziges Zeichen aus, noch war die allerkleinste Interferenz wahrnehmbar.

Durch diese Versuche war so zum erstenmal die Möglichkeit einer wirklich scharfen Abstimmung und daraus resultierenden sicheren Mehrfachtelegraphie bei nur relativ wenig voneinander abweichenden Wellenlängen dargetan worden; ja die absolute Reinheit und Sicherheit der Versuche ließ den Schluß berechtigt erscheinen, daß bei gleicher Entfernung der Stationen die Wellenlängen hätten dicht beieinander liegen können, ohne die Selektion unmöglich zu machen.

Wenn ein noch ziemlich fest gekoppelter Sender schon eine solche Selektionsfähigkeit und gesteigerte Empfindlichkeit im Empfänger zuließ, welche Erfolge muß man dann erst mit ganz lose gekoppelten Senderdispositionen, infolge der dadurch herbeigeführten geringen Dämpfung der auftreffenden Wellenzüge, erzielen können!

Nach einer Berechnung dürfte es dann keine Schwierigkeit mehr machen, mit vielen hundert Stationen zugleich zu telegraphieren.

Aus dem elektrischen Tongewirre, welches den Äther durchzieht, wählt dann jeder Empfänger sich seine Eigenschwingung aus, und wie durch optische Mittel sichtbare Strahlungen analysiert werden, so würden wir hier eine elektrische Spektralanalyse ausführen.

Das ist das Schlußproblem einer vollständigen selektiven Telegraphie mit elektrischen Wellen.

Wir sahen also, daß im Empfänger schon sehr hohen Ansprüchen genügt ist; auch muß man nicht glauben, daß vorstehende Versuche nur unter den Händen eines Physikers gedeihen könnten. Die Einstimmung des Empfängers auf die wirksame Senderschwingung hatte bei unserer Methode gewiß eine außerordentlich scharfe zu sein, besonders im Sekundärkreis, allein auch unser Gehilfe führte solche bei absichtlich vorgenommenen Veränderungen stets sicher und selbständig aus. Die Konstanz der Einstimmung ließ ebenfalls nichts zu wünschen übrig, so daß auch in technischer Hinsicht der Empfänger strenge Anforderungen an Betriebszuverlässigkeit erfüllte.

Dreizehntes Kapitel.

Schaltungen und Apparate.

Wir haben den Leser nunmehr noch in interne Dinge mit bezug auf Schaltungen und Apparatur des Empfängers einzuführen.

Zunächst zeigen wir in Figur 54 das Schema der Gesamtschaltung einer kompletten Station. — Links befinden sich die Senderdispositionen, rechts die Empfängeranordnungen. In der Mitte zwischen beiden erblicken wir den Umschalter, welcher es ermöglicht, die Ansätze (Luftdraht — Gegenkapazität) nach Bedarf bald an den Sender, bald an den Empfänger zu koppeln. Es ist ersichtlich ein Hebel, der auf einer Ebonitplatte isoliert montiert ist und drei horizontale Metallschienen hat; das vertikale Verbindungsstück mit dem Griff ist wieder aus Ebonit.

Wird der Umschalter nach links herübergelegt, so bringt er oben den Luftdraht und unten die Gegenkapazität in Verbindung mit der Sekundärspule des Senders. Gleichzeitig schließt die mittlere Schiene eine Unterbrechungsstelle im Stromkreis der Batterie bezw. elektrischen Zentrale. Letzterer enthält also die Primärspule des Induktors *J*, den WEHNELT-Unterbrecher *W* und MORSE-Taster *T* mit parallel liegender magnetischer Funkenlöschung. An die Sekundärklemmen des Induktors ist, wie mehrfach erwähnt, der primäre Schwingungskreis mit Funkenstrecke angeschlossen, und zwar an die inneren Belegungen der Leidener Flaschensysteme C_1 C_2, deren äußere Belegungen durch die primäre Spule geschlossen sind.

Hat man „gegeben“ und will nun „empfangen“, so legt man den Umschalter nach rechts hinüber in die Lage, in welcher er sich in der Figur befindet.

Nunmehr stehen vermittels der beiden äußeren Schienen die Ansätze in Verbindung mit dem primären Schwingungskreis des Empfängers, während gleichzeitig die mittlere Schiene eine Unterbrechungsstelle des Stromkreises der Lokalbatterie *B* schließt, in welchem sich der Morse *M* und Klopfer *Kl* befinden.

Der primäre Empfangskreis enthält die beiden regulierbaren und relativ großen Luftkondensatoren c_1 c_2 (von welchen c_1 durch einen Stöpselkontakt *St* zu geschildertem Zweck kurz geschlossen werden kann). Der sekundäre Kreis enthält den regulierbaren kleinen Luftkondensator c_r; anderseits stehen die Enden der Sekundärspule mit dem Kohärer *Coh* in Verbindung, jedoch nicht direkt, sondern vermittels eines sehr kleinen Glimmerkondensators *P*, der für die Schwingungen kein Hindernis ist, aber angebracht sein muß, weil sonst der Relaisstromkreis der zwei gegeneinander geschalteten Trockenelemente *E* kurzgeschlossen wäre.

Wir fanden es des weiteren nützlich, den Relaiskreis beim „Geben“ durch den Stöpselkontakt *S* extra zu unterbrechen, weil infolge der heftigen elektrischen Erschütterungen an der Relaiskontaktspitze Funken übergingen, wodurch das Relais ungünstig affiziert und auch der Kohärer erregt wurde. Überhaupt hat man ferner darauf

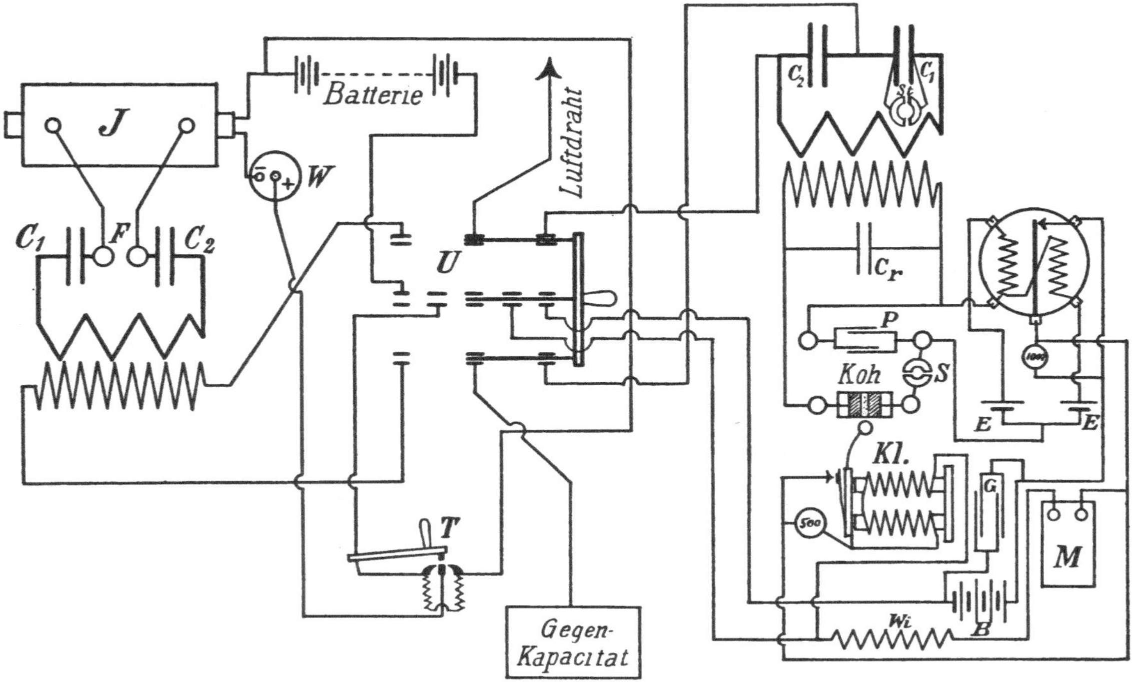

Fig. 54. Gesamtschaltung einer kompletten Station.

bedacht zu sein, jede Einwirkung aus den Stromkreisen auf den Kohärer zu eliminieren; diesem Zweck dient die Widerstandsspule von 1000 Ohm parallel zum Relaiskontakt und die 500 Ohm-Spule parallel zum Klopferkontakt, an welchen Stellen sich sonst infolge des Extrastromes beim Öffnen Funken bilden würden, welche den Kohärer erregen; ein kleiner Glimmerkondensator *G*

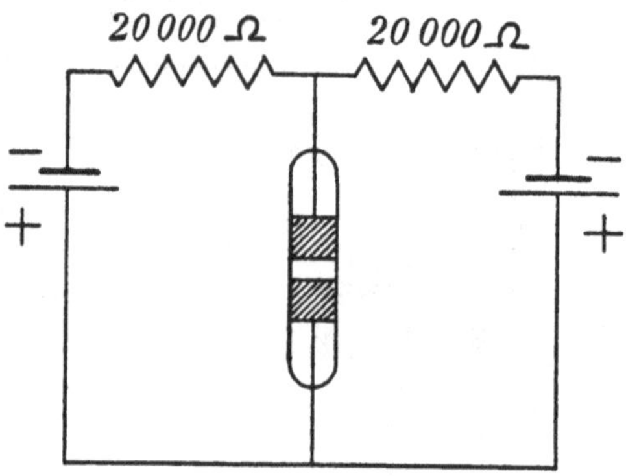

Fig. 55. Relais-Schaltung.

parallel zur Batterie *B* wirkte in diesem protektiven Sinne ebenfalls günstig.

Für das Relais probierten wir mehrere Schaltungen, doch erwies sich die übernommene als am besten.

Figur 55 zeigt solche schematisch zusammen mit dem Kohärer und wird in ihrer Wirkungsweise im Zusammenhang mit Figur 54 und den bezüglichen Erläuterungen ohne weiteres verständlich sein; jede der beiden Relaisspulen dieses polarisierten Relais hatte einen Widerstand von 20000 Ohm. Versuche zeigten, daß es sich empfahl, nicht mehr als zwei Trockenelemente zu benutzen.

Die Arbeitsbatterie *B* enthielt vier große Trockenelemente; die Widerstandsspule *Wi* hatte den Zweck, die Stromstärken für MORSE-Schreiber und Klopfer nach

Fig. 56. Empfangsapparat.

Wunsch verteilen und so auch die Stärke des Klopferschlages regulieren zu können.

Ein Bild des kompletten „Empfangsapparates" (jedoch ohne Schwingungskreise) gibt die vorstehende Figur 56. Auf dem zurückklappbaren Deckel eines Holzkastens ist links das Relais montiert, rechts der Kohärer mit Klopfer und der sogenannten „magnetischen Regulierung", auf welche wir bald zu sprechen kommen werden.

Fig. 57. Inneres einer Station.

Vorne befindet sich der MORSE-Schreiber in der bekannten Ausführung, wie er auch in der gewöhnlichen Telegraphie benutzt wird; im Kasten sind die Elemente sowie die vorerwähnten Hilfsspulen und Kondensatoren untergebracht.

Hinsichtlich der Schwingungskreise müssen wir den Leser auf die schematischen Darstellungen in Figur 48, 53 und 54 verweisen. Die regulierbaren Luftkondensatoren waren konstruktiv genau wie der beschriebene und in Figur 28, 29 und 31 abgebildete große Kondensator des Wellenmessers durchgebildet, nur daß die Ausführung entsprechend kleiner gehalten war und sich an Stelle des Paraffinöles als Dielektrikum Luft befand. Diese regulierbaren Luftkondensatoren, welche in technischer Hinsicht mit peinlichster Sorgfalt für Stabilität hergestellt waren, erwiesen sich als fast ganz unabhängig von Temperaturschwankungen, und ihre guten konstanten Qualitäten haben wesentlich zum Gelingen der Abstimmungsversuche mit beigetragen.

Da wir den Wunsch des Lesers antizipieren, das Innere einer Station vollständig vor Augen zu haben, so geben wir in Figur 57 eine solche Photographie, obgleich dieselbe aus einer früheren Installation einer Station in Berlin herrührt und in Einzelheiten, speziell hinsichtlich der Schwingungskreise und Schaltungsmethoden, nicht mehr zuständig ist. Leider wurde es versäumt, das Innere der Ostseestationen photographieren zu lassen, wodurch wir außerstande sind, eine in allen Einzelheiten dem geschilderten Aufbau entsprechende Ansicht zu bieten. Immerhin dürfte die vorliegende photographische Wiedergabe wenigstens der prinzipiellen Anordnungen zur Erleichterung der Vorstellung willkommen sein. — Links auf dem Tische befindet sich der Schwingungskreis des Senders, rechts derjenige des Empfängers mit zugehörigem Empfangsapparat. In der Mitte zwischen beiden ist der Taster sichtbar, mit welchem die MORSE-Zeichen telegraphiert werden.

Auf der Schalttafel mit Voltmeter und Ampèremeter befindet sich auch ein Umschalter, jedoch nur mit zwei Schienen, so daß nur der Luftdraht umgeschaltet werden konnte, nicht auch die Gegenkapazität. Über letztere verfügte man früher, ohne Rücksicht auf ihre wirklich erforderliche Größe, ziemlich willkürlich, indem man eine größere Zinktrommel mit dem Senderkreis und eine kleinere mit dem Empfangskreis verband, wie man an den unter dem Tisch hängenden Trommeln erkennen kann. Es ist natürlich zu einer solchen Unterscheidung gar kein Grund vorhanden, denn die Gegenkapazität dient, wenn man so sagen soll, als Ausbalancierung des Luftdrahtes und hat in jedem Falle den gleichen Wert. Mit dem vorher beschriebenen Umschalter mit drei Schienen schaltet man, wie wir gezeigt haben, gleichzeitig Luftdraht und Gegenkapazität an die Schwingungskreise abwechselnd des Gebers und des Empfängers. Auf dem Boden steht der Induktor und WEHNELT-Unterbrecher.

Den Betrieb der kompletten Station haben wir bereits eingehend geschildert; er wird dem Leser jetzt verständlich sein, denn er ist an sich der denkbar einfachste, wenn er sich auch aus vielen Faktoren zusammensetzt, deren einzelne zweckmäßige Ausgestaltung eine Anzahl wissenschaftlicher Voraussetzungen und Bedingungen zu erfüllen hat.

Der Kohärer. Wir haben noch einige besondere Ausführungen dem wichtigen Bestandteil der Empfangsanordnungen zu widmen, nämlich dem Kohärer. Figur 58 gibt ein Bild desselben, sowie seiner einzelnen Teile.

In ein Ebonitröhrchen sind zwei Elektroden aus Stahl mit hochpolierten Endflächen eingesetzt und zwischen letzteren befinden sich in kleinem Zwischenraum Körner von gehärtetem Stahl. Je weniger Körner man benutzt, um so empfindlicher wird der Kohärer, doch darf man diese Empfindlichkeit nicht zu weit treiben, ohne die Sicherheit des praktischen Betriebes ungünstig zu beeinflussen. Wir verwendeten längere Zeit auf die Dressur des Kohärers und benutzten als Füllung schließlich immer circa 30 sorgfältig ausgesuchte Körner von etwa 0,3 bis 0,4 Millimeter Durchmesser, nachdem wir die Anzahl der Körner in weitesten Grenzen variiert hatten. Es ist eigentümlich, welche großen Unterschiede in der Güte derselben Kohärer zutage treten, trotzdem solche alle gleichmäßig hergestellt werden. Ein gut befundener Kohärer aber hielt sich sehr konstant für viele Monate und konnte von Zeit zu Zeit durch neue Füllung immer wieder zur vollen Entfaltung seiner guten Eigenschaften angefacht werden. Die Füllung geschieht in der Weise, daß man die im Bilde nach unten gekehrte Elektrode herausnimmt und die Körner in das Röhrchen hinein-

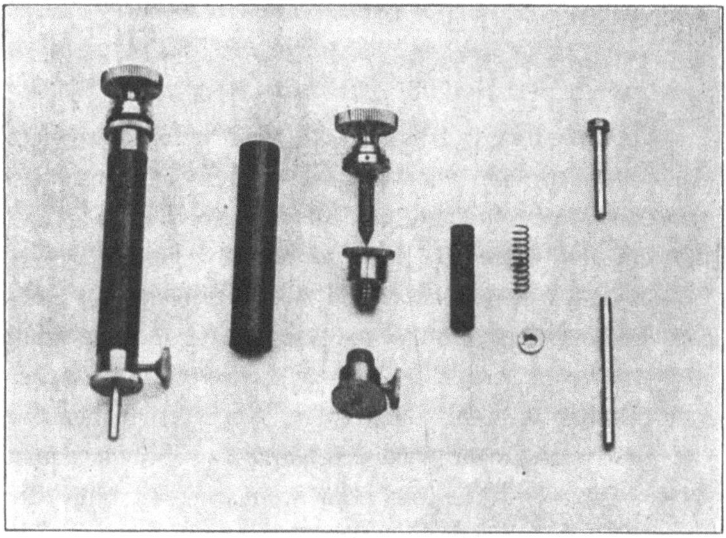

Fig. 58. Der Kohärer.

schüttet; dann setzt man diese Elektrode bis zu einer markierten Stelle wieder ein und klemmt sie durch die seitlich herausragende Schraube fest. Nun setzt man den Kohärer in den Empfangsapparat und zieht die nach oben gekehrte Schraube an, wodurch die durch eine Spirale zurückgehaltene zweite Elektrode nach innen geschoben wird. Dadurch erhöht man den Druck auf die

Körner des Kohärers und so seine Empfindlichkeit, was schließlich dazu führt, daß Stromschluß durch den Kohärer und Relais stattfindet. Das ist also die Grenzeinstellung; man muß nun die Schraube eine sehr kleine Strecke zurückdrehen und dann durch eine Kontermutter festklemmen. Jetzt ist der Kohärer zum Gebrauch fertig, und man prüft zunächst seine Empfindlichkeit durch den sogenannten „Kohärerprüfer"; es ist eine elektrische Klingel ohne Glocke und auf die elektrischen Impulse des kleinen Unterbrechungsfunkens muß der Kohärer in 2—3 Meter Entfernung zuverlässig ansprechen; dann hat man ein sicheres Kriterium für genügende Empfindlichkeit und Konstanz.

Um die Empfindlichkeit in feiner Weise regulieren zu können, ist noch auf dem Empfangsapparat die auf Seite 155 erwähnte und in Abbildung 56 sichtbare „magnetische Regulierung" angebracht. Solche besteht aus einem kleinen offenen, ringförmigen Magneten, zwischen dessen Polen die herausragende Elektrode des Kohärers sich befindet. Durch ein Räderwerk kann der Magnet gedreht werden, so daß man den Kohärer nordmagnetisch oder südmagnetisch machen oder auch ganz entmagnetisieren kann. Diese delikate Beeinflussung des Zusammenhanges der Stahlkörner durch Magnetismus ist eine ganz ingeniöse Methode und hat vorzügliche Dienste geleistet.

Zur Erklärung der von Branly entdeckten Beeinflussung eines unvollkommenen Kontaktes durch elektrische Wellen sind verschiedene Hypothesen aufgestellt worden, von denen wir nur einige erwähnen wollen. Lodge war der Ansicht, daß durch die elektrische Bestrahlung zwischen den Metallteilchen außerordentlich kleine Funken übergingen, welche die Oxydschicht des fein zerteilten Metalls zerstören und einen innigeren metallischen Kontakt herstellen, vielleicht sogar durch Zusammenschmelzen der Metallteilchen; durch elektrostatische Anziehung der benachbarten entgegengesetzt elektrisch geladenen Teilchen sollte dieser Vorgang unterstützt sein.

Von dieser Vorstellung her rührt LODGE's Bezeichnung „coherer", aus welchem Wort das mißbildete deutsche „Kohärer" entstanden ist. Der Widerstand wird also durch die elektrische Bestrahlung herabgesetzt und die metallischen Teilchen bilden dann gewissermaßen eine Brücke, welche der Strom leicht passieren kann, die aber durch mechanische Erschütterung wieder zum Einsturz gebracht wird.

BRANLY selbst glaubte durch Einschmelzen der Metallteilchen in isolierende und erstarrende Substanzen, z. B. Paraffin, wobei dennoch das Kohärerphänomen zu erzielen war, den Beweis erbracht zu haben, daß die Oxydschicht und andere Dielektrika sich in einem solchen Sinne an dem Vorgang beteiligten, daß sie „modifiziert" durch Bestrahlung gewissermaßen zu Leitern würden. Neuere Versuche lassen aber diese Ansicht als unwahrscheinlich erscheinen.

Was feststeht, ist unzweifelhaft die Tatsache, daß infolge der Bestrahlung die Metallteilchen in reineren Kontakt treten, doch lassen sich über das Zustandekommen eines solchen Vorganges und die Prozesse, welche ihm vorhergehen können, viele Hypothesen aufstellen; wir beschränken uns darauf, den Leser u. a. auf die im Anhang angeführten Arbeiten von FERRIÉ, GUTHE und TROWBRIDGE, ECCLES, GULIK, ASCHKINASS und ROBINSON hinzuweisen. — Eine eigentümliche Annahme macht AUERBACH; er fand nämlich, daß auch Schallwellen den Widerstand eines unvollkommenen elektrischen Kontaktes verändern können und schließt daraus, daß durch Einwirkung der elektrischen Impulse die sich benachbarten Teilchen infolge „mechanischer Pulsationen“, d. h. Zusammenziehungen und Ausdehnungen, einander sehr nahe gebracht werden. Die Adhäsionskräfte würden dann wirksam und es erfolge das Kohärerphänomen. Diese deduzierte Analogie erscheint wohl sehr wenig naheliegend.

Aus eigenen Versuchsresultaten und aus sonst allgemein anerkannten Ermittlungen anderer stehen heute jedenfalls die folgenden Tatsachen fest. Der Kohärer repräsentiert eine kleine Kapazität und reagiert auf Potentialschwankungen. Es gibt für den Kohärer eine gewisse Potentialdifferenz, die sogenannte kritische Spannung, unterhalb welcher eine Kohärerwirkung nicht eintritt. — Mechanischer Druck und Magnetismus erhöhen temporär die Empfindlichkeit; entfernt man diese Einflüsse, so geht auch die Empfindlichkeit wieder zurück. Offenbar ist also die Oxydschicht zwischen den Metallteilchen elastisch und dehnt sich nach einem Zusammendrücken wieder aus, sobald ausgeübte Druckwirkungen wieder aufhören; zu diesen kann unzweifelhaft auch eine elektrostatische Anziehung als gleichzeitig wirksam gerechnet werden. — Das Auftreten von mikroskopisch kleinen Fünkchen im Kohärer bei der elektrischen Bestrahlung ist unter besonders günstigen Versuchsbedingungen nachgewiesen. Diese Funkenbildung und eine dadurch herbeigeführte Verstärkung der Oxydschicht würde auch die sogenannte „Ermüdung“ des Kohärers erklären; wie schon früher angedeutet, wird nämlich nach einigem Gebrauch ein Kohärer schwerfälliger, d. h. er spricht nicht mehr so leicht und nicht mehr so regelmäßig an wie anfangs. Das Füllen mit frischen Körnern und Putzen der Elektrodenflächen restauriert den Kohärer wieder.

Überblickt man sämtliche Tatsachen, so scheint uns die Annahme berechtigt, daß die Metallteilchen als Belegungen, mit der trennenden elastischen Oxydschicht, als Diëlektrikum im gewöhnlichen Zustande des Kohärers einen kleinen Kondensator bilden. Wird durch den Einfluß der elektrischen Wellen die Potentialdifferenz zwischen den Belegungen zu groß, so wird das Diëlektrikum durch minimale Funken durchbrochen. Es wird dann an einzelnen Stellen eine direkte metallische Berührung eintreten können oder eine Verbindung durch losgerissene Teilchen der Metallkörner herbeigeführt werden. Durch Klopfen auf den Kohärer lockert man den neuen Zusammenhang der Metallteilchen und unter Mitwirkung der elastischen Eigenschaften des Diëlektrikums stellt sich der gewöhnliche Zustand wieder her.

Der Kohärer reagiert auf ganz außerordentlich geringe Energiemengen und wirkt momentan. Man hat ihn häufig als das elektrische Auge bezeichnet und diese

Analogie mit unserem Sehorgan erscheint prinzipiell sehr angebracht; allein eine einfache Berechnung zeigt, daß das Auge ein sehr grobes Instrument ist im Vergleich mit dem Kohärer, der in seiner Empfindlichkeit für die schnell wechselnden Potentialdifferenzen der in den Empfangskreisen pulsierenden Schwingungen nur mit den allerempfindlichsten Galvanometern zu vergleichen ist.

Der „Hörer". Der Kohärer ist also ein äußerst empfindliches Reagenz auf elektrische Wellen, aber trotzdem erscheint er noch sehr träge im Verhältnis zu einem anderen Instrument, welches wir gelegentlich unserer Abstimmungsversuche im Empfänger bereits kennen lernten, nämlich dem sogenannten „Hörer". Die folgende Figur 59 läßt die Vorrichtung erkennen. Mit einem kleinen Trockenelement ist ein Mikrophonkontakt und ein Telephon in Reihe geschaltet; ersterer ist gebildet durch einen angespitzten Graphitstift, der vermittels einer Mikrometerschraube in mehr oder weniger feste Berührung mit einem Stahlplättchen gebracht wird, welches auf eine schwache Blattfeder aufgelötet ist.

Der Mikrophonkontakt steht einerseits mit dem Luftdraht, anderseits mit der Erde in Verbindung. Die auf den Luftdraht auftreffenden elektrischen Impulse verändern vorübergehend den Widerstand des Mikrophonkontaktes und die dadurch entstehenden Stromschwankungen des kleinen Elementes erregen das Telephon.

Man hört auf diese Weise nicht nur ein ganz spezifisches deutliches „Surren“ von kürzerer oder längerer Dauer entsprechend den Punkten und Strichen des MORSE-Alphabetes, sondern aus der Tonhöhe läßt sich auch direkt die Frequenz der Unterbrechungen bezw. der

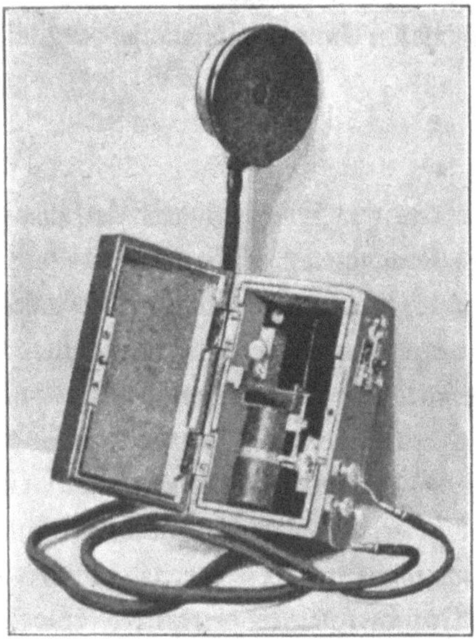

Fig. 59. Der „Hörer“.

Entladungskomplexe des wirkenden Senders feststellen. Ja noch mehr, wenn mehrere Stationen zugleich geben und verschiedene Unterbrechungsfrequenz haben, so ist dies im Telephon deutlich unterschieden wahrnehmbar. Legt man, wie wir es in Saßnitz wiederholt ausführten, bei solcher Gelegenheit mehrere „Hörer“ an den Luftdraht, so kann jemand in dem einen Telephon die etwa höheren Zeichen der einen Station und ein anderer die tieferen Zeichen der zweiten Station verfolgen und nach dem Gehör aufschreiben; bei einiger Übung ist das „Abhören“ von Telegrammen eine leichte Sache. Notabene müssen die Frequenzen wenigstens so häufig sein, daß sie hörbaren Tönen entsprechen.

Dieser Apparat ist von einer ganz fabelhaften Empfindlichkeit und macht jede Abstimmung und dadurch erstrebte Geheimhaltung von Telegrammen zu schanden; anderseits läßt er sich aber, wie wir gesehen haben, vorzüglich benutzen, um die Länge von wirksamen Wellen festzustellen. Man hat ihn dann nur mit dem ganzen Schwingungskreis in früher angegebener Weise zu schalten und die scharf ausgeprägte Ausbildung einer maximalen Tonstärke im Telephon zu verfolgen.

Es lag natürlich nahe, dieses hochempfindliche Instrument ebenfalls mit einem Relais und MORSE-Schreiber zu schalten, allein bis jetzt ohne befriedigenden Erfolg; der Grund liegt darin, daß die Widerstandsschwankungen in der jetzigen Anordnung nicht regelmäßig bezw. für längere Zeit nicht konstant genug sind.

Mit diesen und anderen erstrebenswerten Problemen waren wir in Saßnitz noch beschäftigt, als die Verfügung zur Schließung der Stationen eintraf.

Vierzehntes Kapitel.

Neuerungen.

Es ist vielfach versucht worden, den Kohärer, welcher in vielen differenten Ausführungsformen existiert, durch andere Vorrichtungen zu ersetzen, welche mindestens in gleicher Weise befähigt sein mußten, das Registrieren von Telegrammen in MORSE-Schrift zu ermöglichen, jedoch sind solche Versuche bis vor kurzem mehr oder weniger ungünstig verlaufen, teils in dem Sinne, daß die neuen Indikatoren sich nicht als geeignet erwiesen, das Aufschreiben der Zeichen zu vermitteln, teils in dem Sinne, daß sie für praktische Zwecke zu delikat, zu kompliziert oder zu unbeständig waren. Hierher gehört unter vielen anderen der MARCONI-Detektor, von dem Figur 60 ein Schema gibt und welcher von der bekannten Erscheinung der magnetischen Hysteresis Gebrauch macht. Ein endloses Seil *S* von dünnen Drähten aus weichem Eisen wird vor den Polen eines Magneten *M* vorbeigeführt und läuft dabei durch eine Spule aus isoliertem Kupferdraht, welche einerseits mit dem Luftdraht *L*, anderseits mit der Erde *E* in Verbindung steht. Auf dieser Spule ist isoliert eine Sekundärspule aufgewickelt, in welcher sich ein Telephon *T* befindet. Das Eisen kann nun gewöhnlich infolge von Hysteresis der schnell wechselnden Magnetisierung nicht a tempo folgen; wird nun aber die primäre Spule von elektrischen Wellen durchflossen, so wird das magnetische Residuum temporär und sprungweise zum Verschwinden gebracht. Der dadurch in der sekundären Spule induzierte Stromstoß erregt das Telephon. Diese komplizierte und mit beweglichen Teilen versehene Vorrichtung leistet dasselbe wie der kleine „Hörer“ und kann wie dieser auch nicht „zum Schreiben“ gebracht werden.

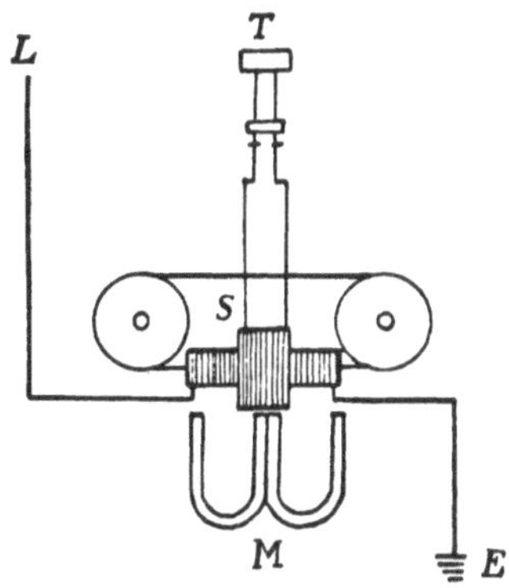

Fig. 60. MARCONI-Detektor.

Ferner sei erwähnt die NEUGESCHWENDERsche oder SCHÄFERsche Platte als Prototyp eines „Antikohärers“, d. h. eines Wellenindikators, bei dem der Übergangswiderstand nicht wie beim Kohärer vermindert, sondern erhöht wird. Auf einer Glasplatte ist eine Silberschicht niedergeschlagen, welche durch einen Gravierdiamant geritzt worden ist; alsdann wird die Platte mit Firnis überzogen. Der gebildete Spalt ist jedoch kein vollkommener, sondern durch äußerst feine Metallfäden überbrückt; diese Brücken werden wahrscheinlich infolge von Erwärmung durch minimale Funken vorübergehend zerstört, wodurch sich der Widerstand erhöht. Sobald die Einwirkung aufhört, schlagen sich die Metalldämpfe wieder nieder und der Widerstand bekommt seinen ursprünglichen Wert. Die praktischen Ergebnisse mit diesem Antikohärer sollen mit denjenigen des Kohärers keinen Vergleich aushalten.

Schließlich sei bloß noch hingewiesen auf FESSENDENS Methode, die Wärmewirkungen der elektrischen Wellen und dadurch veranlaßte und in bekannter Weise benutzbare Widerstandsschwankungen in Bolometerdrähten zur Anwendung zu bringen.

Erst in jüngster Zeit hat Ingenieur W. SCHLÖMILCH eine Vorrichtung ausgebildet, die es verdient, dem Kohärer mindestens gleichwertig an die Seite gestellt zu werden.

Die folgende Figur 61 zeigt einen Empfangsapparat, der mit diesem sogenannten „Wellendetektor" (dessen Hauptbestandteil, eine elektrolytische Zelle, sich in der Mitte auf dem Deckel des Kastens zwischen links Relais und rechts einem Hebelschalter befindet) montiert ist, und wollen wir nun das angewendete Prinzip erörtern. SCHLÖMILCH schließt eine gewöhnliche Polarisationszelle, mit Platinelektroden in verdünnte Säure getaucht, an eine Stromquelle, deren elektromotorische Kraft diejenige der Zelle ein wenig übertrifft; es fließt also ein Strom, der den Elektrolyt zersetzt und eine schwache Gasentwicklung hervorbringt. Wird nun die Zelle von elektrischen Wellen getroffen, so konstatiert man eine sofortige Verstärkung des Stromes an der heftiger werdenden Gasentwicklung.

SCHLÖMILCH hat dann die Erscheinung gründlich weiter verfolgt und durch besondere Dimensionierung der einen Elektrode wesentlich in ihrer Wirkung verstärkt. Er fand nämlich, daß es nötig sei, der positiven Elektrode eine äußerst kleine Oberfläche zu geben, während die negative Elektrode ziemlich beliebig dimensioniert sein konnte; so

Fig. 61. Empfangsapparat mit SCHLÖMILCHs Wellendetektor.

wird die positive Elektrode heute hergestellt mit einem Durchmesser von nur 0,001 Millimeter bei einer Länge von nur 0,01 Millimeter. Macht man dagegen diese mikroskopisch kleine Elektrode zum negativen Pol, so verschwindet das geschilderte Phänomen fast vollständig, ein Beweis, daß die an ihr entwickelte Gasart von großem Einfluß ist. — Die Empfindlichkeit der Zelle hängt ferner von der Stärke der Gasentwicklung ab und kann auf einen günstigsten Wert einreguliert werden. (Die rechts aus dem Empfangsapparat herausragende Kurbel dient zu dieser Einstellung auf günstigste Stromstärke vermittels eines Regulierwiderstandes.) Je intensiver die elektrische Bestrahlung ist, um so stärker reagiert die Zelle, die nun in üblicher Weise mit einem Relais geschaltet wird, um den Arbeitskreis mit MORSE-Schreiber zu betätigen; in demselben befindet sich also jetzt kein Klopfer, da die Zelle sofort nach der Einwirkung stets automatisch wieder ihre normale Beschaffenheit annimmt. Ebenso gut kann sie auch mit einem Telephon verbunden werden, in dem man die Stromschwankungen abhört wie im „Hörer", dabei ist die Zelle relativ unempfindlich gegen Erschütterungen und bleibt absolut konstant; sie übertrifft in dieser Anwendung durch solche Eigenschaften bei weitem den „Hörer".

Über Untersuchungen, welche die physikalische Natur des Phänomens aufzuklären bezweckten, ist bisher nichts bekannt geworden. Dagegen scheint sich dieser neue Wellendetektor von SCHLÖMILCH in der Praxis bereits vorzüglich bewährt zu haben, so daß er wohl geeignet erscheint, den bisher alleinherrschenden und deshalb wohl gelegentlich etwas kapriziösen Kohärer zu entlasten oder ganz zu verdrängen.

BRAUNS Energieschaltung. Mit wachsenden Entfernungen wurde es erforderlich, immer größere Energiemengen zur Entwicklung zu bringen und in Form von elektrischen Wellen in den Raum zu senden. Professor BRAUN hat jetzt auch dieses Problem prinzipiell gelöst durch besondere Schaltungen im Sender, von welchen wir auch auf den Ostseestationen eine mit großem Erfolg probierten, und welche wir nun noch kurz betrachten wollen.

Wie bekannt, ist die Energie des Kondensatorkreises bestimmt durch das halbe Produkt aus der Kapazität und dem Quadrat der Ladespannung, so daß wir für zu verstärkende Energieausstrahlung zwei Möglichkeiten vor uns sehen, indem wir eben die eine oder andere Größe auf höhere Werte bringen.

Was zunächst die Vergrößerung der Kapazität anbelangt, so existiert hier eine natürliche Grenze durch die Wellenlänge, welche aus praktischen Gründen durch die erreichbare Höhe der Maste limitiert ist; wir wissen ja, daß das Produkt aus Kapazität und Selbstinduktion ein Maß für die Schwingungsdauer, demnach auch der Wellenlänge ist. Bei unveränderter Wellenlänge dagegen macht nun eine Vergrößerung der Kapazität eine Verminderung der Selbstinduktion notwendig. Theoretisch ist dies aber auch aus verschiedenen Gründen, die wir hier nicht diskutieren können, nur bis zu einem gewissen Grade möglich, ohne daß ungünstige Konsequenzen sich geltend machen.

Es bliebe also nur die Erhöhung der Ladespannung übrig. Allein auch auf diesem Wege erscheinen zunächst unüberwindliche Schwierigkeiten, selbst wenn man annimmt, daß die Erzeugung genügender Elektrizitätsmengen von jeder beliebigen Spannung technisch möglich sei. Die geringe elektrische Festigkeit der Isolatoren im Inneren und an ihrer Oberfläche bilden z. B. ein großes Hindernis. Ferner haben wir bereits die Gründe kennen gelernt, weshalb man die Funkenstrecke nicht nach Belieben vergrößern kann.

Professor BRAUN kam deshalb schließlich auf den Ausweg, die Energie dadurch zu vermehren, daß die

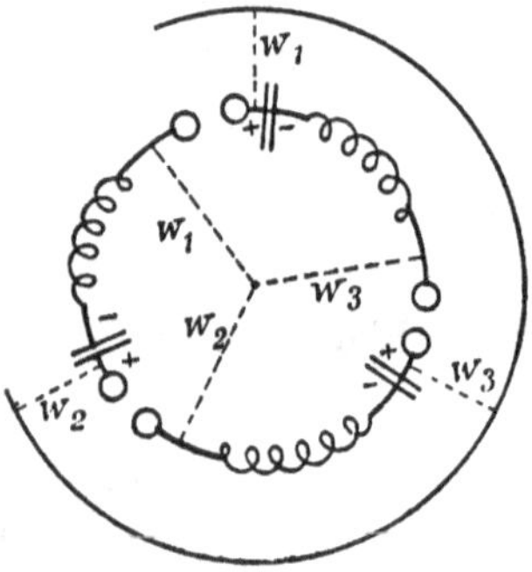

Fig. 62. Allgemeines Schema für BRAUNs Energieschaltung.

Ladung mit kleinen Spannungen in Parallelschaltung geschieht, während die Entladung in Serienschaltung vor sich geht. Auf diese Weise treten auch nirgends benachbarte Stellen von solchen Potentialdifferenzen auf, daß man auf Isolationsfestigkeit besondere Rücksicht zu nehmen hätte.

Wir betrachten in Figur 62 gleich ein allgemeines Schema, um uns das BRAUNsche Prinzip klar zu machen. — Zur Einfachheit nehmen wir an, daß *n* gleiche Kondensatoren C durch n gleiche Selbstinduktionen L in Serie geschaltet seien zu einem bei der Entladung durch die Funkenstrecken geschlossenen Kreis. Die Ladung der Kondensatoren dagegen erfolgt in Parallelschaltung durch Vermittlung von großen induktiven oder OHMschen Widerständen W_1 W_2 W_3, welche für die Schwingungen bei der Entladung des Kreises abgesperrte Wege bedeuten.

Die n gleichen Kapazitäten in Serie repräsentieren eine Kapazität von $\frac{1}{n} C$; bezeichnet man ferner die Ladungsspannung mit V, so ist die Gesamtenergie bestimmt durch den Ausdruck

$$\frac{1}{2}\left(\frac{C}{n}\right)\cdot(n\cdot V)\cdot^2 = {}^1/_2\, n\cdot C\cdot V\cdot^2.$$

Anderseits ist die totale Selbstinduktion gleich $n \cdot L$, so daß wir für die Schwingungsdauer den Ausdruck erhalten

$$T = 2\pi\sqrt{n\cdot L\cdot\frac{C}{n}} = 2\pi\sqrt{LC},$$

d. h. die Schwingungsdauer ist unverändert die gleiche, als wenn wir einen einzelnen Schwingungskreis von der Kapazität C und Selbstinduktion L in Betracht ziehen.

Ferner läßt sich zeigen, daß der Funkenübergang überall phasengleich geschieht, und daß jeder Funke nur die der Teilpotentialdifferenz V entsprechende Dämpfung hat.

Es steht uns nun also die n-fache Energie zur Verfügung, trotzdem wir bei den n Schwingungskreisen mit derselben Ökonomie arbeiten, wie sie ein einzelner besitzt.

Wir müssen hier auf die Diskussion von Einzelfragen verzichten; auch begnügen wir uns mit dem Hinweis, daß viele Schaltungen zur praktischen Ausnutzung der Energie möglich sind.

Die Figur 63 zeigt eine induktive Serienschaltung; Figur 64 die direkte Schaltung, mit welcher man *n* getrennte Luftdrähte erregen kann.

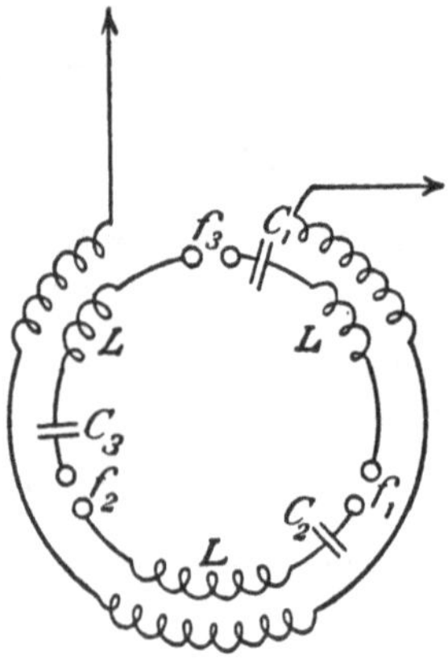

Fig. 63.

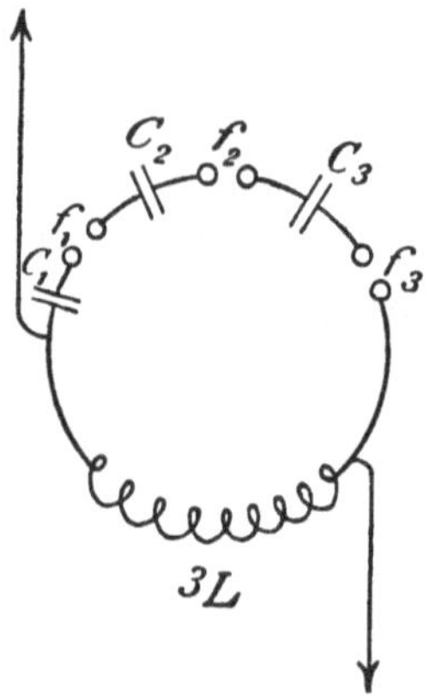

Fig. 64.

BRAUNs Energieschaltungen.

Auf den Ostseestationen wendeten wir mit vorzüglichen Resultaten zuletzt die folgende Schaltung (Figur 65) an. Die Kondensatoren liegen für Ladung wieder durch die großen Widerstände W_1 W_2 in Parallelschaltung; die induktionsfreien „Kopplungsbogen" K_1 K_2 sorgen dafür, daß bei der Entladung in A_1 B_1 auch der Funke in A_2 B_2 zwangsweise und phasengleich einsetzt. Die Sekundärgebilde waren passend in Serie geschaltet.

Professor BRAUN hat noch eine Methode angegeben, welche es gestattet, durch Anwendung von kleinen Hilfskondensatoren, sogenannte „Spannungsverteiler", eine rationelle Teilung der Funkenstrecke zu ermöglichen, wodurch große Spannungen ökonomisch ausgenutzt werden können. Auf diese Weise trägt man der Erfahrung Rechnung, daß es für eine Entladung unter gegebenen Bedingungen eine günstigste Funken-

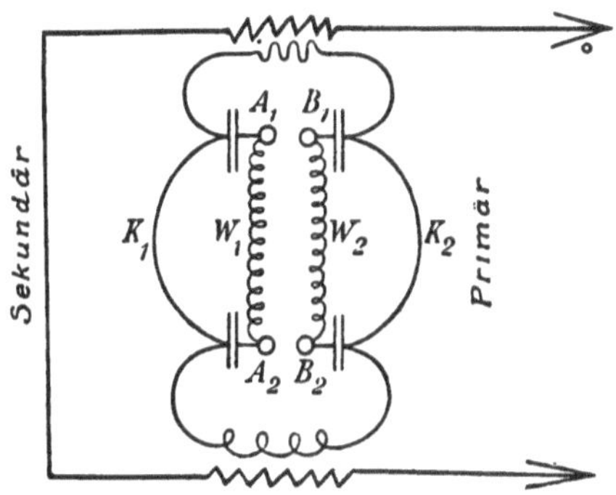

Fig. 65. BRAUNs Energieschaltung, welche auf den Ostseestationen benutzt wurde.

länge gibt, so daß man jetzt, durch Unterteilung der ganzen Funkenstrecke, in der Lage ist, die Funkenlänge nach Belieben so zu wählen, daß der Energieverlust im Funken im Verhältnis zur Gesamtenergie auf einen kleinsten Wert heruntergedrückt wird. — Innerhalb der Grenzen, welche der Energieausstrahlung durch die Funkenmethode gesetzt sind, erscheint auch der Sender schon heute hoch entwickelt und zu großen Leistungen befähigt.

Fünfzehntes Kapitel.

Allgemeines.

Wir haben die Möglichkeit einer Abstimmung und ihre Entwicklung in der drahtlosen Telegraphie verfolgt. Es ist dadurch der Beweis erbracht, daß man sich von Störungen frei halten kann, und daß sogar schon eine sichere Mehrfachtelegraphie herbeigeführt worden ist, welche sich allerdings wegen der großen Dämpfung des Senders noch in relativ engen Grenzen bewegen muß.

Dagegen ist eine absolute Geheimhaltung in der drahtlosen Telegraphie nicht zu erzielen, teils eben infolge der Abstimmungsmöglichkeit, teils wegen der zur Verfügung stehenden äußerst empfindlichen Detektoren mit Telephon.

Eine geringe Verbesserung in diesem Sinne wäre durch die Ausbildung einer „gerichteten Telegraphie“ zu erzielen, wodurch aber wieder neue Schwierigkeiten hineingebracht würden, sobald man es mit beweglichen Stationen zu tun hätte, und gerade diese liegen auf dem spezifischen Anwendungsgebiet der drahtlosen Telegraphie. Von gelegentlichen Erfolgen unter besonderen Verhältnissen abgesehen, ist auch in der Ausbildung einer gerichteten Telegraphie bisher nichts Zuverlässiges und allgemein Brauchbares geleistet worden, weshalb wir uns enthalten können, gemachte Vorschläge und angewendete Versuchsdispositionen in eine Besprechung zu ziehen.

Wir können die elektrischen Wellen nicht ohne weiteres konzentrieren durch analoge Hilfsmittel wie in der Optik; denn beim Licht kann man die divergenten Strahlen nur deshalb durch Linsen und Spiegel zusammenfassen und in parallelen Strahlen hinaussenden, weil seine Wellenlänge verschwindend klein ist im Verhältnis zu den Dimensionen der Linsen und Spiegel. Letztere müßten schon einen Durchmesser von mehreren Kilometern haben, um elektrischen Wellen von nur wenigen Metern Länge genügend angepaßt zu sein, und bei der drahtlosen Telegraphie arbeitet man mit Wellenlängen von Hunderten von Metern. Auf ganz kurze Wellen, wie man solche im Laboratorium eventuell benutzen kann, muß man in praxi verzichten, denn die Energiekapazität wird zu klein und die Dämpfung enorm groß.

Bei den großen elektrischen Wellen überwiegt das Phänomen der Beugung, aber gerade dieser Umstand führt Vorteile mit sich, wodurch die Strahlen elektrischer Kraft den gewöhnlichen Lichtstrahlen enorm überlegen sind und die Anwendung der drahtlosen Telegraphie in der jetzigen Ausdehnung erst ermöglicht haben. Die Konvexität der Erde und sonstige große Hindernisse sind bei der Überbrückung von Entfernungen von untergeordneter Bedeutung. Licht dringt nicht durch Nebel hindurch, weil die Nebelbläschen in ihrer Abmessung groß sind im Vergleich mit den Wellen des Lichtes, das infolgedessen zerstreut wird; so dringt Licht auch nicht durch Körper in heterogenem Zustande, wie z. B. zerstoßenes Glas, obgleich dieses sonst durchsichtig ist.

Gerade umgekehrt ist es bei den elektrischen Wellen, für welche der Nebel deshalb kein Hindernis sein kann, was für die Schiffahrt von unschätzbarem Werte sein muß. Ein vollkommener Leiter muß die elektrischen Wellen natürlich reflektieren, aber sie gehen hindurch durch die dicksten Mauern; auch diese Tatsache ließ sich als eine Konsequenz der MAXWELLschen Theorie voraussehen, da sich ergibt, daß die Undurchlässigkeit nicht nur von der Beschaffenheit des betreffenden Mittels, sondern auch von der Länge der wirksamen Welle abhängig sein muß. Nehmen wir an, daß wir einen Körper vor uns hätten, der sich so verhalte, daß er auftreffende Strahlen nach Verlauf weniger Schwingungen vernichtete, so wäre das Licht mit seinen kleinen Wellenlängen nur durch eine äußerst dünne Schicht gedrungen, für die großen elektrischen Wellen aber müßte der Körper schon fabelhafte Dimensionen haben, um sie aufzuhalten.

Ein wirklicher Feind der Ausbreitung elektrischer Wellen existiert weniger auf der Erdoberfläche als vielmehr über derselben, nämlich in der Atmosphäre, und wir wollen in Kürze dem Leser auch über solche bezüglichen Fragen berichten, auf welche alle Pioniere der drahtlosen Telegraphie gestoßen sind.

Es ist eigentümlich, welche Erfahrung man bei der Beurteilung des Wetters ansammelt, um schließlich nach dem Gefühl, wie es dem Verfasser möglich war, genau vorhersagen zu können, ob an betreffendem Tage das drahtlose Telegraphieren besser oder schlechter von statten gehen würde. Es sind zunächst nicht die direkten Einflüsse einer grellen Sonne gemeint, welche in der Tat, wie schon MARCONI bemerkt hat, die Stärke der Zeichen etwas abschwächen können, auch nicht atmosphärische Entladungen, welche den Betrieb einer BRAUN-Station ohne Erdverbindung meistens absolut nicht beeinflussen konnten; bei starken Gewittern haben die Apparate tadellos funktioniert, obgleich ein gelegentliches unvorsichtiges Berühren der Metallteile es uns kräftig fühlbar machte, daß man die Götter nicht versuchen solle. In solchen Fällen schaltet man besser die Apparate aus und legt den Luftdraht an Erde, wie es stets nach Schluß des Betriebes zur Sicherheit der Station zu geschehen pflegt.

Was wirklich in Betracht kommt, ist der besondere Charakter der Atmosphäre, der sich stets ausbildet, wenn das Wetter längere Zeit trocken und beständig gewesen ist.

Nach den letzten Erforschungen der Atmosphäre durch ELSTER und GEITEL scheint die Ursache jetzt völlig aufgeklärt zu sein. ELSTER und GEITEL zeigten, daß die Luft durchaus nicht immer als guter Isolator anzusehen ist, sondern meistens immer etwas leitet infolge des Vorhandenseins von freien Ionen; durch subtile Instrumente wiesen sie nicht nur die Existenz von getrennten positiven und negativen Ionen nach, sondern auch ein differentes Verhalten derselben gegenüber der Luft, was zu immens wichtigen Schlußfolgerungen führte. Uns interessiert bloß die Tatsache an sich, denn wir können sofort einsehen, daß die Luft dann für die Zwecke der drahtlosen Telegraphie am wenigsten von üblem Einfluß ist, je weniger sie ionisiert ist. Sind durch feuchtes und nebeliges Wetter die Ionen niedergeschlagen, so kann die Luft den elektrischen Wellen nichts anhaben, und von dieser Tatsache hat wohl jeder, der mit elektrischen Schwingungen in der freien Natur gearbeitet hat, beste Kenntnis.

Wir bezeichneten solche weichen atmosphärischen Zustände deshalb kurz als „gutes drahtloses Wetter“. Die Ursachen der Ionisierung der Luft können verschiedene sein, unter anderen bekanntlich die ultravioletten Strahlen des Lichts. Nach allem ist es gut erklärlich, weshalb lang anhaltend trockenes, beständiges Wetter ungünstige Momente für das Arbeiten mit elektrischen Wellen in erhöhtem Maße zeitigen muß.

Solche Beeinträchtigungen waren manchmal recht fühlbar, wenn wir auch niemals gezwungen waren, den Betrieb ganz einzustellen, aber das ominöse ·—··—· (Zeichen für gewünschte Wiederholung eines nicht verstandenen Telegrammes) erschien dann häufig genug auf dem Morse-Streifen, um uns zu Bewußtsein kommen zu lassen, daß man mit natürlichen Grenzen zu rechnen hat, die dafür sorgen, daß auch auf dem Boden der drahtlosen Telegraphie die Bäume nicht in den Himmel wachsen.

Sechzehntes Kapitel.

Schluß.

Das Verwendungsgebiet der drahtlosen Telegraphie hat seit dem Jahrzehnt ihres Bestehens ungeahnte Ausdehnung angenommen. Freilich hat man inzwischen auch die natürlichen Grenzen kennen gelernt, und die Schwärmer, welche, dem Zuge ihrer schrankenlosen Phantasie folgend, der Sonne zu nahe kamen, sind wie Ikarus ins Meer zurückgefallen. Vor ihren Augen hatte sich bereits eine neue Welt erschlossen, nicht begrenzt durch Raum noch Zeit. Im Äther wogten die Gedanken in Form elektrischer Schwingungen und mit Hilfe von einfachen Vorrichtungen, vielleicht auch nur von gleichgestimmten Seelen, lebte und webte ein unbeschränkter Verkehr. Schwerfällig erschien die an Kabel gefesselte bisherige Telegraphie und Telephonie, und bis zu dem Zeitpunkt der Einbringung in die historische Rumpelkammer sollte es nicht mehr weit sein. Ein unserem praktischen Zeitalter angepaßtes Symptom dafür hatte sich bereits gezeigt, denn ... die Kabelaktien fielen. Das aber war das Signal der Einkehr und Umkehr. Man lernte jetzt erst den Wert eines so diskreten Verkehrsweges schätzen, wie ihn die Telegraphenleitung repräsentiert. Ganz bestimmte Punkte verknüpft sie miteinander und nur längs ihrer Bahn gleitet die Energie dahin, ohne sich auf Abwege begeben zu können. Viel fehlte in der ersten Zeit der Reaktion nicht und man hätte Scheiterhaufen errichtet, um der unschuldigen drahtlosen Telegraphie ganz den Garaus zu machen. Allein man besann sich zur rechten Zeit, was sie alles schon geleistet habe und noch leisten könne, wenn man sie in dem durch ihre Natur abgesteckten Gebiet sich entwickeln ließe. Da hat sie sich denn vorzüglich ausgestaltet, und es wird nun von Interesse sein, sie auf besonderen Stätten ihrer Wirksamkeit aufzusuchen.

Schon als die ersten 50 Kilometer sicher überbrückt waren, ging man dazu über, die drahtlose Telegraphie in den Dienst des Lotsenverkehrs zu stellen, wo sie sich ausgezeichnet bewährte.

Die Lotsenstationen, Feuerschiffe, Bergungs- und Rettungsdampfer sind heute fast sämtlich mit Einrichtungen für drahtlose Telegraphie versehen; sie hat hier den regulären Dienst übernommen und in Zeiten von Seenot schon viele Menschenleben gerettet sowie den Verlust materieller Güter verhindert.

Längs den Meeresküsten entstehen immer neue Stationen, welche mit den auf hoher See befindlichen Schiffen in Fühlung zu treten vermögen, und fast alle größeren Ozeandampfer sind jetzt mit Apparaten für drahtlose Telegraphie ausgerüstet. Es ist dies nicht nur zur größeren Sicherung der so vielen Gefahren ausgesetzten Seefahrer geschehen, sondern auch aus Verkehrsgründen. Zwischen Schiffen untereinander sowie zwischen Meer und Land werden private Telegramme, deren Gebühren schon nach Tarifen geregelt sind, befördert, und an Bord erscheinen

Zeitungen, deren Inhalt aus drahtlosen Telegrammen besteht; so gehen die Passagiere auch auf dem Meere der baldigen Kenntnis des Eintritts einer Haupt- und Staatsaktion der kleinen Welt nicht verlustig.

Eine ganz besondere Bedeutung hat die drahtlose Telegraphie durch ihre Einführung in der Marine und

Fig. 66. Kriegsschiff mit Einrichtung für drahtlose Telegraphie.

im Heer bekommen. Alle größeren Kriegsschiffe erhielten die erforderlichen Einrichtungen; so hat sich schon eine spezielle Technik durch Erfahrung herausgebildet, welche alle anfänglichen Schwierigkeiten, hervorgerufen durch die überall vorhandenen Eisenmassen und durch die beschränkten Raumverhältnisse, größtenteils überwunden hat. Speziell ist auch auf beste Isolation und geeignete

Führung des Luftdrahtes Rück-sicht genommen worden; derselbe wird zumeist mit dem obersten Teil und dem Netz zwischen den Spitzen der Maste befestigt und dann

Fig. 67a. Hinterwagen (hintere Hälfte) einer fahrbaren Station für drahtlose Telegraphie.

schräg unter Deck geführt, um seine erforderliche bestimmte Länge unterbringen zu können.

Die drahtlose Telegraphie ermöglicht ohne weiteres eine zentrale Befehlsübermittlung vom Flaggschiff an die übrigen Geschwaderschiffe, die wieder unter sich drahtlos in enger Fühlung stehen. Flaggen- und Lichtsignale erscheinen schwerfällig gegenüber einer Signalübermittlung durch elektrische Wellen, die gerade dann am besten wirken, wenn der Wert jener ganz in Frage gestellt ist, nämlich bei schwerem Wetter und Nebel. Aufklärungs-

Fig. 67b. Hinterwagen (vordere Hälfte) einer fahrbaren Station für drahtlose Telegraphie.

und Meldedienst konnten in ganz einschneidender Weise erweitert, erleichtert und zentralisiert werden, woraus sich von selbst ein für die Schiffsbewegungen immens bedeutungsvolles Moment ergab, nämlich eine enorme Kohlenersparnis. Schließlich sichert auch die drahtlose Verbindung der Schlachtschiffe mit den Küstenbefestigungen die Kooperation aller Streitkräfte zu Wasser und zu Land.

Freilich kann der Feind die Telegramme abfangen, aber eine verabredete Geheimschrift wird ihm deren Sinn unverständlich machen und ihm so meistens gleichzeitig die Möglichkeit nehmen, falsche Antworten dazwischen zu signalisieren und Verwirrung zu stiften. Vor Störungen überhaupt kann man sich durch genügend scharfe Abstimmung schützen.

Wie auf dem Meere, so hat auch zu Land die drahtlose Telegraphie in den großen Kaisermanövern wiederholt ihre Feuerprobe bestanden und ihre unschätzbare Nützlichkeit für Kriegszwecke dargetan. Die vorstehenden Abbildungen geben ein anschauliches Bild von den aus Vorderwagen und Hinterwagen gebildeten fahrbaren Stationen für drahtlose Telegraphie, wie sie die Luftschifferabteilungen des deutschen Heeres mit sich führen. Die Abbildungen (Figur 67) lassen die Apparate für die Stromerzeugung erkennen, nämlich erstens auf der hinteren Hälfte des Hinterwagens einen Benzinmotor nebst Kühler und allem sonstigen Zubehör, zweitens auf der vorderen Hälfte dieses Wagens eine Dynamomaschine, welche bei 2,5 Kilowattleistung auf eine Klemmenspannung von 120 Volt konstruiert ist, sowie den Induktor und die sämtlichen bekannten Apparate für die Senderanordnungen.

Abbildung Figur 68 gestattet einen Einblick in den Vorderwagen, in welchem sich alle geschilderten Empfangsvorrichtungen befinden.

Außer den Fahrern setzt sich die Bemannung eines Zuges, den wir in Figur 69 auf dem Marsch erblicken, zusammen aus 1 Offizier, 1 Unteroffizier und 5 Soldaten;

im letzten Bild, Figur 70, sehen wir den Zug „abgeprotzt“.

Eine solche auffahrende Station ist in wenigen Minuten fertig gemacht und das Telegraphieren kann beginnen.

Fig. 68. Vorderwagen einer fahrbaren Station für drahtlose Telegraphie.

Als Luftdraht benutzt man Kupferdrähte, welche durch Drachen oder Luftballons in die Höhe geführt werden.

Von flinken Rossen gezogen fliegen die leichten Fahrzeuge dahin, die so solid gebaut und konstruktiv durchgebildet sind, daß auch ungünstige Bodenverhältnisse

Fig. 69. Zug einer fahrbaren Station für drahtlose Telegraphie auf dem Marsch.

Fig. 70. „Abgeprotzter“ Zug einer fahrbaren Station für drahtlose Telegraphie.

sie nicht behindern und sie ohne Mühe selbst den schnellen Kavalleriebewegungen folgen können.

So wirkt in den Manövern die drahtlose Telegraphie prompt und sicher im Aufklärungsdienst über Entfernungen von der Größe vieler Tagemärsche und vermittelt in kleinen und großen Distanzen bis zu 100 Kilometer den Nachrichtenverkehr zwischen Generalkommando, Kavalleriedivisionen und Manöverleitung.

Ein stolzer Bau ist aus kleinen Anfängen vor unseren Augen entstanden und in ernster Arbeit sind auch heute noch Wissenschaft und Technik bemüht, seine Ausdehnung und innere Ausgestaltung weiter zu fördern.

Verdienstvolle Männer aus beiden Wirkungskreisen haben ihre Kraft der großen Sache geweiht, zum Nutzen und Segen für die ganze Menschheit, zur Ehrung der Geistesheroen FARADAY-MAXWELL-HERTZ, deren unvergängliche Forschungen neue Wege wiesen, auf welchen es möglich war, Naturkräfte unserem Willen dienstbar zu machen. So entstand und entwickelte sich die drahtlose Telegraphie, ein unvergängliches Kulturdenkmal unseres Jahrhunderts.

Anhang.

Wir geben nun noch in diesem Anhang erstens ein ausführlicheres spezielles Literatur-Verzeichnis, von dem wir im Text Abstand nahmen, um den Fluß der Darstellung nicht zu hemmen. Es ist nach den Namen der Autoren geordnet, so daß man in bequemer Weise nachschlagen kann. Zweitens die Ableitung der THOMSON-KIRCHHOFFschen Gleichung für oszillatorische Entladungen. Drittens einige Formeln, welche benutzt werden können für die im Text angedeuteten Berechnungen. Viertens eine Zusammenfassung in strengerer Form der bisherigen Ergebnisse der Theorie für eine abgestimmte, bezw. selektive elektrische Wellentelegraphie mit einer vergleichenden Gegenüberstellung der empirischen Resultate.

I
Literatur.

H. HERTZ: Annalen der Physik Bd. 31, p. 421, 1887.

— — Bd. 34, p. 155, 1888.

— — Bd. 36, p. 1 und 769, 1889.

— — Bd. 45, p. 553, 1892.

— — LODGE, The work of HERTZ, London 1897.

H. HELMHOLTZ: Die Erhaltung der Kraft.
KIRCHHOFF: POGG. Annalen Bd. 121, p. 554, 1864.
W. THOMSON: Philosoph. Magaz. Bd. 5, p. 393, 1853.
FEDDERSEN: POGG. Annalen Bd. 103, 108, 112, 113, 116.
T. HENRY: Scientific Writings Bd. 1, p. 201.
V. BJERKNESS: Annalen der Physik Bd. 55, p. 121, 1895.
A. OBERBECK: Annalen der Physik Bd. 55, p. 623, 1895.
ABRAHAM: Annalen der Physik Bd. 66, p. 435, 1898.
— Physikalische Zeitschrift No. 7, 1904.
LINDEMANN: Annalen der Physik Bd. 2, p. 376, 1900.
MAX WIEN: Annalen der Physik Bd. 61, p. 151, 1897.
— — Bd. 4, p. 425, 1901.
— — Bd. 8, p. 686, 1902.[1]
— — Bd. 14, p. 1, 1904.
— — Bd. 14, p. 626, 1904.
— Physikalische Zeitschrift Bd. 4, p. 76, 1902.
P. DRUDE: Annalen der Physik Bd. 53, p. 721, 1894.
— — Bd. 61, p. 631, 1897.
— — Bd. 9, p. 293, 1902.
— — Bd. 9, p. 611, 1902.
— — Bd. 11, p. 957, 1903.
— — Bd. 13, p. 512, 1904.
O. LODGE: Nature Bd. 41, p. 368, 1890.
— Modern Views of electricity, London 1892.
— The Work of HERTZ and some of his successors, London 1897.
— Electrician, 12. November 1897.
POINCARÉ: Annuaire du Bureau des Longitudes, 1902.
RIGHI: Die Optik der elektrischen Schwingungen, Leipzig 1898.
RIGHI und DESSAU: Die Telegraphie ohne Draht, Braunschweig 1903.
MARCONI: Electrician, 24. und 31. Mai, 18. Juli 1902.
— FAHIE, History of Wireless Telegraphy, London 1899.
— RIGHI und DESSAU, Die Telegraphie ohne Draht, Braunschweig 1903.
SLABY: Die Funkentelegraphie, Berlin 1901.
— Elektrotechnische Zeitschrift Bd. 23, 1902.

[1] Vergleiche Schlußworte dieses Anhanges.

F. BRAUN: Drahtlose Telegraphie durch Wasser und Luft, Leipzig 1901.
— Annalen der Physik Bd. 8, p. 165, 1902.
— Umschau (Frankfurt) No. 17/18, 1902.
— Physikalische Zeitschrift Bd. 3, 1902.
— — Bd. 3, 1903.
— — Bd. 4, 1904.
G. SEIBT: Elektrotechnische Zeitschrift, p. 315 und 409, 1902.
— — p. 276, 1904.
— Physikalische Zeitschrift No. 17, 1903.
— — No. 27, 1903.
J. ZENNECK: Annalen der Physik Bd. 11, p. 1121 und 1135, 1903.
— Physikalische Zeitschrift No. 24, 1903.
L. MANDELSTAM: Physikalische Zeitschrift No. 9, 1904.
J. DÖNITZ: Elektrotechnische Zeitschrift p. 920, 1903 (Der Wellenmesser).
SIMON und REICH: Physikalische Zeitschrift No. 13 und 26b, 1903.
VOLLER: Physikalische Zeitschrift No. 14 und 25, 1903.
LECHER: Physikalische Zeitschrift No. 11, 1903.
SUNDELL und TALLQVIST: Annalen der Physik Bd. 4, p. 72, 1901.
U. SEILER: Annalen der Physik Bd. 61, p. 30, 1897.
— Schwingungen in Rückstand bildenden Kondensatoren, Zürich 1902.
G. EICHHORN: Dissertation, Zürich 1901.
LOMSCHÉ: Dissertation, Zürich 1903.

Literatur für Wellendetektoren.

BRANLY: Les radioconducteurs. Rapports au Congrès international de Physique, Paris 1900.
— Comp. rend. Bd. 118, p. 348, 1894.
— La Lum. Electr. Bd. 51, p. 526, 1894.
MARCONI: Electrician, 20. und 27. Juni 1902.
ASCHKINASS: Verhandl. d. Phys. Ges. Berlin, Bd. 13, p. 103, 1894.
— Annalen der Physik Bd. 66, p. 284, 1898.

VAN GULIK: Annalen der Physik Bd. 66, p. 136, 1898.
AUERBACH: Annalen der Physik Bd. 64, p. 611, 1898.
NEUGSCHWENDER: Annalen der Physik Bd. 67, p. 430, 1899.
— Annalen der Physik Bd. 68, p. 92, 1899.
— Physikalische Zeitschrift Bd. 2, p. 550, 1901.
GUTHE und TROWBRIDGE: Phys. Rev. Bd. 11, p. 22, 1900.
FERRIÉ: L'Eclair. Electr. Bd. 24, p. 499, 1901.
ECCLES: Electrician Bd. 47, p. 682 und 715, 1900.
P. E. ROBINSON: Annalen der Physik Bd. 11, p. 754, 1903.
W. SCHLOEMILCH: Elektrotechnische Zeitschrift p. 959, 1903 (Der „SCHLOEMILCH-Detektor").

II

Thomson-Kirchhoffsche Ableitung für oszillatorische Entladungen.

In einem Schließungskreis, in welchem mit C die Kapazität, mit L die Selbstinduktion, mit W der Gesamtwiderstand, mit E die Potentialdifferenz zwischen den Belegungen des Kondensators, dessen Ladung Q ist, bezeichnet werden, bildet sich bei der Entladung ein Strom i aus nach der Gleichung:

$$i = \frac{E - L\frac{di}{dt}}{W}.$$

Ferner ist

$$E = \frac{Q}{C} \text{ und } i = -\frac{dQ}{dt}.$$

Durch Substitution ergibt sich die Differentialgleichung:

$$\frac{d^2Q}{dt^2} + \frac{W}{L}\frac{dQ}{dt} + \frac{Q}{CL} = 0.$$

Derselben wird genügt durch $Q = A \cdot e^{\alpha t}$. Durch Einsetzen erhält man für α die Gleichung:

$$\alpha^2 + \frac{W}{L}\alpha + \frac{1}{LC} = 0.$$

Danach:

$$\alpha = -\frac{W}{2L} \pm \sqrt{\frac{W^2}{4L^2} - \frac{1}{LC}}.$$

Sind die Wurzeln reell, so haben wir es mit einer kontinuierlich abnehmenden Entladung zu tun.

Sind dagegen die Wurzeln imaginär, d. h. ist:

$$\frac{1}{LC} > \frac{W^2}{4L^2} \quad \text{oder:} \quad W < 2\sqrt{\frac{L}{C}}$$

so wird mit Einführung trigonometrischer Funktionen:

$$Q = e^{-\frac{Wt}{2L}} \cdot \left(B_1 \cos \cdot t \sqrt{\frac{1}{LC} - \frac{W^2}{4L^2}} + B_2 \sin \cdot t \sqrt{\frac{1}{LC} - \frac{W^2}{4L^2}}\right),$$

d. h. die Entladung wird oszillatorisch mit der Periode:

$$T = \frac{2\pi}{\sqrt{\frac{1}{LC} - \frac{W^2}{4L^2}}}.$$

Zur Bestimmung von B_1 und B_2, welche, weil willkürlich, als reell gelten können, dienen für unseren Fall die Bedingungen:

$$\text{für } t = 0: \; Q = Q_0 \text{ und } \frac{dQ}{dt} = 0.$$

Hieraus wird: $\quad B_1 = Q_0$

$$B_2 = \frac{Q_0 W}{2L\sqrt{\frac{1}{LC} - \frac{W^2}{4L^2}}}.$$

Wir erhalten also:

$$Q = Q_o \cdot e^{-\frac{Wt}{2L}}$$

$$\left(\cos\cdot t\sqrt{\frac{1}{LC}-\frac{W^2}{4L^2}}+\frac{W}{2L\sqrt{\frac{1}{LC}-\frac{W^2}{4L^2}}}\sin\cdot t\sqrt{\frac{1}{LC}-\frac{W^2}{4L^2}}\right).$$

Setzt man

$$t\sqrt{\frac{1}{LC}-\frac{W^2}{4L^2}} = 2\pi\frac{t}{T}$$

so wird:

$$Q = Q_o \cdot e \cdot^{-\frac{Wt}{2L}}\left(\cos\cdot 2\pi\frac{t}{T}+\frac{W}{2L\sqrt{\frac{1}{LC}-\frac{W^2}{4L^2}}}\sin\cdot 2\pi\frac{t}{T}\right).$$

Der Ausdruck in der Klammer ist von der Form:

$$a\cos \mathrm{x} + b\sin \mathrm{x} = c\sin(\mathrm{x}+\varphi),$$

wo φ die Phasenverschiebung bedeutet und sich bestimmt aus

$$\mathrm{tg}\,\varphi = \frac{a}{b}.$$

Da $$c = \sqrt{a^2+b^2},$$

so wird:

$$Q = Q_o \cdot e^{-\frac{Wt}{2L}} \cdot \left(\frac{1}{\sqrt{\frac{4L}{CW^2}-1}}\cdot\sin 2\pi\frac{t}{T}+\varphi\right).$$

Wenn, wie in unserem Falle, $\frac{W^2}{4L^2}$ gegen $\frac{1}{LC}$ zu vernachlässigen ist, so wird der Ausdruck für die Schwingungsdauer $T = 2\pi\sqrt{LC}$. Das Dekrement der Amplituden ist $e^{\frac{WT}{2L}}$ proportional, welches sich als logarithmisches Dekrement $\delta = \pi W \sqrt{\frac{C}{L}}$ schreiben läßt als Maß für die Eigendämpfung (abgesehen von Energieverlusten) des primären Kreises.

Wir haben diese vollständige Ableitung gegeben, weil sie grundlegend ist für die oszillatorischen Entladungen und es gelegentlich auf die Beurteilung des primären Schwingungskreises für sich allein ankommen wird. Nunmehr ist aber zu berücksichtigen, daß W nicht durch einen konstanten Ohmschen Widerstand repräsentiert wird, sondern eine noch unbekannte Funktion der Elektrizitätsmenge, der Spannung und der Schwingungszahl ist. Herr Professor Kleiner schreibt mir, daß hinsichtlich der Schwingungszahl Messungen im Physikalischen Institut der Universität in Zürich (allerdings für einen Kreis ohne Funkenstrecke mit Hilfe des Helmholtz-Pendels; die Funkenstrecke bringt noch weitere komplizierende Momente hinzu) ergaben, daß der wirksame Widerstand ungefähr mit dem Quadrat der Schwingungszahl zunehme, was bis zum Hundertfachen des Ohmschen Widerstandes verfolgt sei. Es ist dies ein sehr bemerkenswertes Resultat.

III

Formeln für Berechnungen.

Wellenmesser: a) Die Messungen der Kapazität des variablen Ölkondensators geschieht nach bekannter ballistischer Methode oder mit der Telephonbrücke; b) die Selbstinduktion der Spule (bei welcher die Dimensionen des rechteckigen Querschnittes des von den Drahtwindungen erfüllten ringförmigen Raumes klein sind gegen den mittleren Durchmesser der Spule) kann berechnet werden nach der Formel von STEFAN (WIEDEM. Annalen Bd. 22, p. 107, 1884)[1]:

$$L = 4\pi a n^2 \left[\left(1 + \frac{3b^2 + c^2}{96 a^2}\right) ln \frac{8a}{\sqrt{b^2 + c^2}} - y_1 + \frac{b^2}{16 a^2} \cdot y_2\right] + C$$

wo

$$C = 4\pi a n \left(ln \frac{\Delta}{\delta} + 0{,}15494\right).$$

Für y_1 und y_2 hat STEFAN Tabellen angegeben.

Es bedeuten:

a = mittlerer Radius der Spule,
n = Anzahl der Windungen,
b = Breite des Ringquerschnittes,
c = Höhe „ „
Δ = Durchmesser des umsponnenen, δ = Durchmesser des nackten Drahtes.

Diese Formel gibt allerdings nur für langsam veränderliche Ströme genaue Werte, allein auch für die Frequenzen in der drahtlosen Telegraphie ergaben vergleichende Untersuchungen nur Abweichungen bis 1 oder 2 Prozent, was praktisch belanglos ist. Um aber dennoch möglichst absolut richtige Werte zu erzielen, werden

[1] Wegen Korrektur an dieser Formel mit Rücksicht auf schnell wechselnde Ströme vergleiche P. DRUDE, Annalen der Physik Bd. 9, 604, 1902.

jetzt nach den Vorschlägen von DOLEZALEK (Annalen der Physik Bd. 12, p. 1142, 1903) die Spulendrähte untergeteilt in dünne, voneinander isolierte Drähte, welche verseilt werden. Man begegnet auf diese Weise bei Hochfrequenz dem Zusammendrängen der Stromlinien innerhalb des Leiterquerschnittes, veranlaßt durch das Auftreten von Wirbelströmen, und man erreicht, daß die von den einzelnen Drähten innerhalb jeder Windung umschlossene Kraftlinienzahl dieselbe ist. Auf diesem Wege hat man eine Korrektur an der bequemen STEFANschen Formel unnötig gemacht.

DRUDE hat für einen anderen von ihm angegebenen Wellenmesser (Annalen der Physik Bd. 9, p. 611, 1902) die folgende Formel entwickelt:

$$L = 4\,(a + b)\left(ln\,\frac{b}{\varrho} - 1{,}31\,\frac{b}{a} + 1{,}06\left(\frac{b}{a}\right)^2\right).$$

$$\lambda = 2\pi\sqrt{LC} + \frac{\pi}{3}\,\frac{a^2}{\sqrt{LC}}$$

wo bedeuten: C die Kapazität des benutzten Kreisplatten-Kondensators (gemessen nach elektrostatischem Maße), L die Selbstinduktion der zu einem Rechteck gebogenen Selbstinduktionsleitung, a die längere, b die kürzere Rechtecksseite, ϱ die halbe Drahtdicke der Meßleitung, λ die Wellenlänge. Auch dieser l. c. beschriebene Apparat ist einfach zu benutzen und eignet sich nicht nur für physikalische, sondern auch praktische Messungen aut den Stationen.

Gegenkapazität: Drude gibt (Annalen der Physik Bd. 11, p. 995, 1903) folgende Formel zur Berechnung der Flächengröße S einer Metallplatte, welche einem Luftdraht von der Länge l das elektrische Gleichgewicht hält:

$$\sqrt{S} = \frac{0{,}603 \cdot l}{\text{brigg. log. } \frac{l}{\varrho}}$$

wo ϱ den Radius des „wirksamen“ Querschnittes bedeutet.

In Saßnitz war $l = 65$ Meter.

Das Netz war aufgespannt auf Ringen von 20 Zentimeter Durchmesser, so daß (vergl. Seite 225) man als Radius (eines mittleren wirksamen Querschnittes) 0,1 Meter annehmen kann.

Das Resultat der Rechnung ist auf Seite 235 angegeben.

Wegen der Bedeutung der Thermometerangaben vergleiche F. Braun, Annalen der Physik Bd. 8, p. 205, 1902.

Empfänger.

Primärspule: Durchmesser 23,2 Zentimeter, 6 Windungen Kupferdraht 1 Millimeter (nackt, und 2,5 Millimeter mit Isolation). Berechnung der Selbstinduktion nach Stefan a. a. O. (oder mit Korrektur nach Drude a. a. O. vergleiche Seite 200).

Sekundärspule: Durchmesser $2r = 10{,}3$ Zentimeter, Anzahl der Windungen $n = 50$, Höhe der Spule $h = 12{,}8$ Zentimeter. Berechnung der Selbstinduktion nach DRUDE (Annalen der Physik Bd. 9, p. 324, 1902):

$$L = \frac{l^2}{h}$$

wo bedeutet

$$l = 2r\pi \cdot n.$$

Wegen der für die verschiedenen Kopplungen in Betracht kommenden Momente verweisen wir nochmals besonders auf die Berechnungen der a. a. O.[1] herangezogenen Abhandlung von M. WIEN: „Über die Verwendung der Resonanz bei der drahtlosen Telegraphie", deren Ergebnisse wir hauptsächlich für die nun noch folgenden speziellen Ausführungen über die Abstimmung benutzen.

IV

Die Abstimmung in der drahtlosen Telegraphie.

Erstes Kapitel.

Prinzip der Abstimmung.

Der Abstimmung in der drahtlosen Telegraphie liegt das in der Akustik wohlbekannte Prinzip des Mit-

[1] Dasselbe Zeichen findet sich bei bezügl. Arbeit von WIEN in der Literaturangabe.

schwingens schwingungsfähiger Gebilde zugrunde, dessen ideale Ausgestaltung uns bei den Resonanzschwingungen entgegentritt; vollständiger Isochronismus der Schwingungen ist im allgemeinen das charakteristische Merkmal dieses besonderen Falles.

Die Benutzung der Resonanz elektrischer Schwingungen war schon für HERTZ das wesentliche Hilfsmittel, welches ihm seine klassischen Untersuchungen ermöglichte, trotzdem sowohl sein Oszillator wie Resonator ihrer Natur und primitiven Beschaffenheit nach dieselben im äußersten Maße erschwerten. Bis zu welchem Grade diese Unvollkommenheiten vorhanden waren und wie solche prinzipiell zu beseitigen seien, haben die gesteigerten Anforderungen klargestellt, welche an die HERTZschen Anordnungen herantraten, als solche praktischen Zwecken dienstbar gemacht wurden.

Wir haben in früheren Kapiteln dieses Buches ausgeführt, daß die von MARCONI für eine beabsichtigte praktische Telegraphie ohne Draht eingeführten Dispositionen nichts anderes waren als ein HERTZscher Oszillator mit Resonator, nur daß in letzterem sich bereits der für elektrische Impulse äußerst empfindliche, dabei dennoch einfach zu verwendende und zuverlässige Kohärer befand, welcher aus einer Entdeckung des Franzosen BRANLY inzwischen hervorgegangen war.

Die lange Zeit vorherrschenden unrichtigen Anschauungen über die Bedeutung der Luftdrähte und über die Länge der wirksamen Wellen haben allerdings gezeigt, wie wenig zunächst das für HERTZ leitend gewesene Prinzip der elektrischen Resonanz in seiner Bedeutung erkannt und berücksichtigt wurde.

Der Vollständigkeit halber streifen wir zunächst mit einer kurzen Besprechung dieses ursprünglich benutzte, einfache System für die drahtlose Telegraphie.

Zweites Kapitel.

Einfache Systeme.

Der MARCONI-HERTZ-Oszillator (Figur 71) bestand bekanntlich aus einem vertikalen Draht, der durch eine Funkenstrecke mit der Erde in Verbindung gebracht war. Bis zu einem gewissen, durch die Länge der Funkenstrecke bestimmten Potential aufgeladen, entladet er sich durch letztere oszillatorisch und erregt so im Äther die elektromagnetischen Wellen, welche sich mit Lichtgeschwindigkeit ausbreiten. Die Energiekapazität dieses Senders ist gering, weil seine Kapazität klein ist und auch das Potential nicht beliebig erhöht werden kann. Bei 1 Zentimeter Funkenstrecke, entsprechend etwa 30000 Volt, ist meistens schon die Grenze; darüber hinaus nähert sich der Widerstand der Funkenstrecke dem kritischen Punkt, wo der periodische in den aperiodischen Verlauf der Entladung übergeht, also wertlos wird. Als weitere Dämpfungsfaktoren sind zu nennen die JOULEsche Wärme im Drahte und die Strahlung; im vorliegenden Falle kommt das JOULEsche Erwärmungsdekrement gegen das HERTZsche Strahlungsdekrement

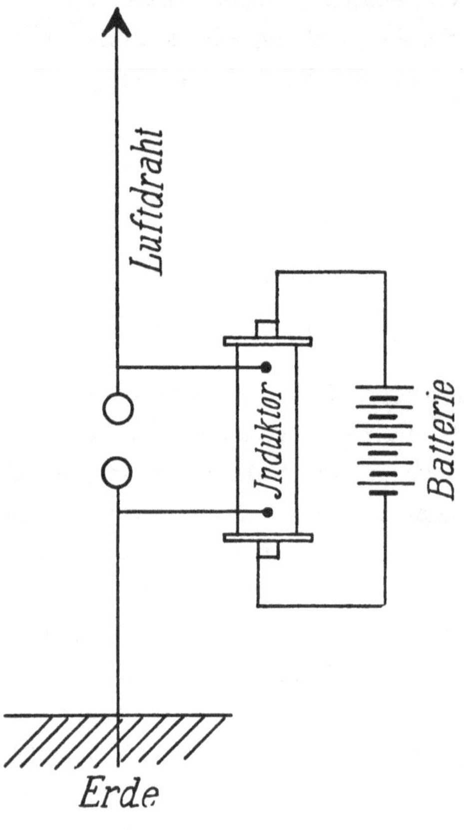

Fig. 71. MARCONI-Geber.

gar nicht in Betracht. Letzteres ist enorm bei der offenen Strombahn; es ist ihr Charakteristikum, wodurch gerade die Fernwirkung erst ermöglicht ist.

Die Theorie eines solchen Senders ist von BJERKNESS[1] und ABRAHAM[2] vollständig gegeben. Als ein stabförmiges Rotationsellipsoid angesehen schwingt er so, daß die Wellenlänge gleich der doppelten Stablänge bei frei endigenden Drähten ist; durch Erdung wird die Wellenlänge verdoppelt, d. h. bei dem geerdeten MARCONI-Sender ist die wirksame Wellenlänge gleich der vierfachen Drahtlänge.

Für den letzteren Fall tritt die Analogie mit einer an einem Ende gedackten Pfeife ohne weiteres zutage; entsprechend haben wir auch bei der Funkenstrecke, wo der Sender mit Elektrizität gespeist wird, maximale Strömung, aber keine Spannung, dagegen an dem freien, durch das Dielektrikum abgeschlossenen Stabende maximale Spannung, aber keine Strömung. Die außer dieser Grundschwingung von der Theorie vorausgesehenen annähernd harmonischen Oberschwingungen kommen praktisch nicht in Betracht; ihre Intensität ist unmerklich klein und sie verklingen in jedem Falle schneller als die Grundschwingung.

Die enorme Dämpfung durch Strahlung, welche mit wachsendem Querschnitt des Drahtes zunimmt, bewirkt, daß schon bei der zweiten oder dritten Schwingung die Anfangsamplitude des Potentials auf einen verschwindend kleinen Bruchteil gesunken ist. Man erhält also nur kurze, stoßartige Erschütterungen, die außerdem nur

---

[1] V. BJERKNESS: Annalen der Physik Bd. 55, S. 121, 1895.

[2] M. ABRAHAM: Annalen der Physik Bd. 66, S. 435, 1898.

nach ganz unverhältnismäßig großen Pausen aufeinanderfolgen, da es lange dauert, bis das Induktorium den

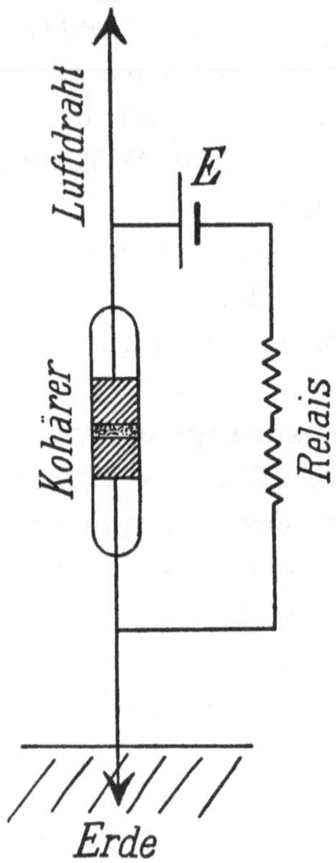

Fig. 72. MARCONI-Empfänger.

Schwingungskreis wieder auf das Entladungspotential geladen hat.

Was man nach dieser Analyse für den Resonator (Figur 72) (der übereinstimmend mit dem Oszillator beschaffen war, nur daß natürlich die Funkenstrecke fehlte) in puncto Resonanz erhoffen darf, liegt auf der Hand. Jeder beliebige Resonator mußte durch solche Stöße erregt werden, jedenfalls sieht man sich für eine beabsichtigte Auswertung des Resonanzprinzips den denkbar ungünstigsten Verhältnissen gegenüber.

Die Resonanztheorie für einen solchen Oszillator mit Resonator, die so weit voneinander entfernt sind, daß eine Rückwirkung nicht merklich ist, hat BJERKNESS[1] entwickelt. Aus ihr ergab sich für die Praxis zunächst die entscheidende Frage, ob es für den benutzten Kohärer auf die Summe der Wirkungen von Resonatorschwingungen, d. h. auf einen Integraleffekt, ankomme oder, wie bei der HERTZschen Funkenmethode, auf die maximale Potentialamplitude der pulsierenden Resonatorschwingungen.

Das letztere ist der Fall, und gerade dem Umstande, daß wir in dem Kohärer ein für Potentialschwingungen minutiös empfindliches Instrument haben, gegen dessen Empfindlichkeit unser Auge ein grober Apparat ist, verdankte es MARCONI, daß er trotz der für Resonanz ungünstigsten einfachen HERTZschen Systeme dennoch relativ große Entfernungen überbrücken konnte.

Nach der Möglichkeit einer Abstimmung braucht man aber kaum zu fragen, jedenfalls wird sie praktisch nicht vorhanden sein, da es sich schon um sehr weitgehend voneinander verschiedene Schwingungszahlen

---

[1] V. BJERKNESS a. a. O.

mehrerer solcher enorm gedämpften Wellenzüge handeln müßte, die sich nicht gegenseitig stören sollten. M. WIEN führt eine solche Berechnung durch unter Berücksichtigung der durch die praktisch möglichen Masthöhen bedingten oberen Grenze von 1000 Meter für die Wellenlänge und der Notwendigkeit der Annahme verschieden großer Entfernungen, entsprechend den wirklichen Fällen in der Praxis; er kommt zu dem Ergebnis, daß bei differenten Entfernungen von 4 Kilometer und 14 Kilometer nur mit zwei Wellenlängen, nämlich von 140 Meter und 600 Meter gleichzeitig ohne Störung gearbeitet werden könne, also unter praktisch viel zu beschränkenden Voraussetzungen.

Die theoretische Diskussion dieser HERTZschen Systeme für Unisono ergibt nun noch in einfacher Weise zwei Momente, welche auch für die später zu betrachtenden modernen gekoppelten Systeme zuständig sind. Zunächst ein quantitatives, welches qualitativ auch ohne weiteres anschaulich erschien, daß es nämlich gegenüber einem stark gedämpften Sender wenig Zweck hat, die Dämpfung im Empfänger vermindern zu wollen.

BJERKNESS findet für das Maximum M seiner Resonanzkurve, d. h. für die maximale Potentialamplitude im Resonator, bei gleichgestimmtem Sender und Empfänger:

$$M = \frac{A}{4\pi} \frac{X^2}{\gamma} \left(\frac{\delta}{\gamma}\right)^{\frac{\delta}{\gamma - \delta}}$$

wo X die Schwingungsdauer, γ und δ die log. Dekremente im Sender und Empfänger bedeuten. Für den einen Grenzwert, d. h. für gleiche Dämpfung $\gamma = \delta$, wird:

$$M = \frac{A}{4\pi} \frac{X^2}{\gamma} \cdot \frac{1}{e}$$

oder, indem wir an Stelle des log. Dekrements die Dämpfung h_1 einführen:

$$M = \frac{A}{2 n h_1} \cdot \frac{1}{e}$$

wo n die Schwingungszahl in 2π Sekunden und $e = 2{,}718\ldots$ die Basis des nat. Logarithmensystems bedeuten.

Für den zweiten Grenzwert $\delta = 0$, d. h. bei verschwindender Dämpfung im Empfänger, wird:

$$M = \frac{A}{4\pi} \cdot \frac{X^2}{\gamma} = \frac{A}{2 n h_1}.$$

Wir ersehen also, im günstigsten Falle, d. h. wenn der Empfänger überhaupt vollständig ungedämpft wäre ($h_2 = 0$), würde die Potentialamplitude nur auf den $e$fachen Betrag hinaufgetrieben werden gegenüber dem Fall, wo gleiche Dämpfung ($h_1 = h_2$) im Oszillator und Resonator vorhanden wäre, wie es allgemein für diese einfachen Systeme anzunehmen ist.

Das zweite sich ergebende Moment ist ein vergleichendes und beschrieben durch:

$$M = \frac{A}{2 n h_1} \cdot \left(\frac{h_2}{h_1}\right)^{\frac{h_2}{h_1 - h_2}} = \frac{A}{2 n h_2} \left(\frac{h_1}{h_2}\right)^{\frac{h_1}{h_2 - h_1}}.$$

Die Maximalamplitude bleibt also in jedem Falle die gleiche, ob eine stark gedämpfte Senderschwingung einen ungedämpften Empfänger erregt, oder ob die auftreffende Welle ungedämpft ist und nun der Empfänger die gleich starke Dämpfung hat wie im ersten Falle der Sender.

Nach diesen Vorausschickungen wenden wir uns nunmehr zu den modernen Systemen.

Drittes Kapitel.

Gekoppelte Systeme.

Die Dinge bekamen zur Zeit eine ganz andere Gestalt und Angriffsfläche für die theoretische Ausgestaltung durch die Einführung der gekoppelten Systeme seitens F. BRAUN.

In einem bis auf eine Funkenstrecke geschlossenen THOMSON-KIRCHHOFFschen Schwingungskreis, dessen Energiekapazität von großer Mächtigkeit ist, werden die Schwingungen erregt und sind unter diesen Umständen relativ schwach gedämpft. Für einen wirklich vollständig geschlossenen, also funkenlosen Kreis für sich allein würde die Dämpfung theoretisch bestimmt sein durch ihre Proportionalität zu dem Widerstande der Bahn und dem geometrischen Mittel aus dem Quotienten von Kapazität und Selbstinduktion; denn die Dämpfung ist proportional $e^{\cdot \frac{WT}{2L}}$ (wo $T = 2\pi\sqrt{LC}$ die Schwingungsdauer und die Größen W, C, L, wie üblich Widerstand, Kapazität und Selbstinduktion bedeuten), was sich als nat. log. Dekrement $\delta = \pi W \sqrt{\frac{C}{L}}$ schreiben läßt. — Der wirksame Widerstand kann beliebig klein gemacht werden, doch ist er eine noch unbekannte Funktion der Schwingungszahl und wächst wahrscheinlich mit dem Quadrat derselben (vergl. Seite 199); bei vorhandener Funkenstrecke ist er weiter noch eine Funktion der übergehenden Elektrizitätsmengen und der Spannung.

Diesem theoretischen Gesichtspunkte hinsichtlich der Verteilung von Kapazität und Selbstinduktion mit Rücksicht auf die Dämpfung steht gegenüber die praktische Bedingung, möglichst große Energiemengen, also große Kapazität zur Verfügung zu haben; auch ergeben sich aus der Betrachtung des kompletten Senders neue Momente, welche dem THOMSON-KIRCHHOFFschen log. Dekrement des primären Kreises in den heutigen praktischen Anordnungen nur eine sekundäre Rolle zuweisen.

Mit dem primären Kreis ist die HERTZsche offene Strombahn (letztere natürlich jetzt ohne Funkenstrecke) gekoppelt, um die Energie an die Umgebung abzuführen, d. h. sie erfüllt die gleiche Funktion wie in der Akustik ein Resonanzboden, der mit einer Stimmgabel gekoppelt ist, welch letztere zu dem geschlossenen Kreis in Parallele steht.

BRAUN unterscheidet zwischen einer direkten Kopplung (Figur 73a), bei welcher die sekundären Ansätze direkt metallisch an den primären Kreis gelegt werden und der indirekten oder induktiven Kopplung (Figur 73b), bei welcher das sekundäre Gebilde elektromagnetisch erregt wird.

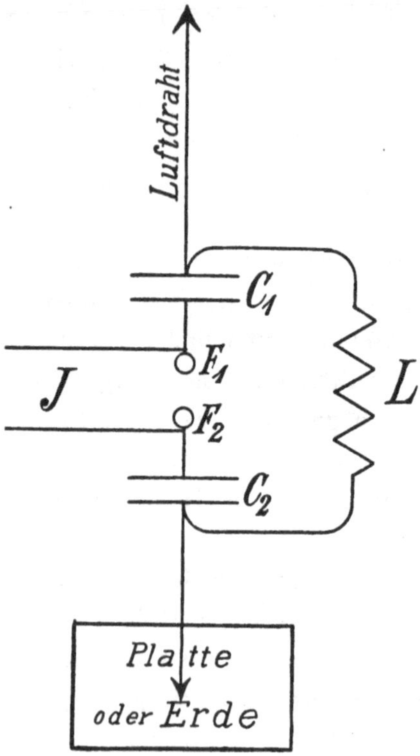

Fig. 73a. Direkte Kopplung.

Ein prinzipieller Unterschied besteht jedoch nicht, wie schon ZENNECK[1] bemerkte, und wie jetzt MANDEL-

[1] T. ZENNECK: Physikalische Zeitschrift No. 4, S. 656, 1903.

STAM[1] ganz allgemein theoretisch klargestellt hat. — In zusammenwirkender Abhängigkeit voneinander haben wir in jedem kompletten System zwei schwingende Gebilde, von denen das eine von großer Massigkeit und relativ

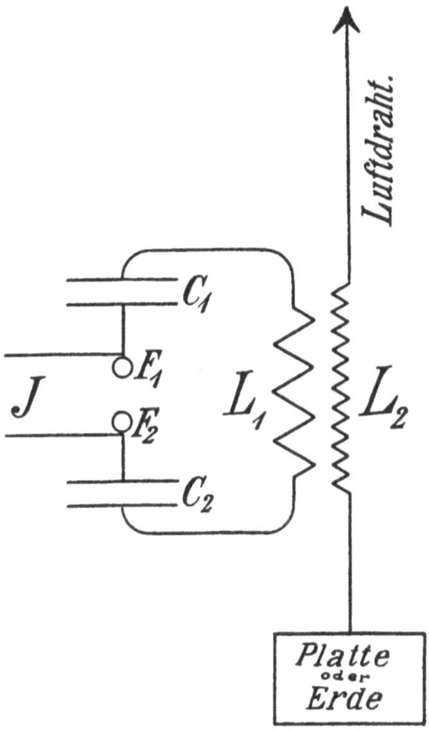

Fig. 73b. Indirekte oder elektromagnetische Kopplung.

schwach gedämpft ist infolge verschwindend kleiner eigner Ausstrahlung, während das andere geringe Masse hat

[1] L. MANDELSTAM: Physikalische Zeitschrift No. 9, S. 245, 1904.

und, da es seinen kleinen Energievorrat fast instantan ausstrahlt, sehr stark gedämpft ist.

Die Schwingungen werden nur in dem primären System erregt und auf das sekundäre System übertragen. Wir haben es mit erzwungenen Schwingungen zu tun, und außer auf angedeutete Faktoren von Dämpfung und Schwingungszahl wird es auch auf den Grad der Abhängigkeit der beiden Systeme voneinander, d. h. auf den Kopplungsgrad ankommen.

Als obere Grenze werden wir eine absolut feste und als untere Grenze eine ganz lose Kopplung bezeichnen; dazwischen liegen alle möglichen Abstufungen mit daraus resultierenden differenten Wirkungsäußerungen.

Für die Kopplung genügt uns die Definition:

$$K^2 L_1 L_2 = L_{12}{}^2$$

wo $K^2 = K_1 K_2$ die Kopplungskoeffizienten bedeuten. Bei ganz fester Kopplung ($K = 1$) ist das Produkt aus den Selbstinduktionskoeffizienten der beiden Systeme gleich dem Quadrat des gegenseitigen Induktionskoeffizienten, dagegen haben wir bei Verschwinden des letzteren gegen ersteres den Fall der Unabhängigkeit der Konstanten, also der ganz losen Kopplung; die dazwischen liegenden Werte ($0 \leqq K \leqq 1$) bestimmen die Abstufungen zwischen den Grenzfällen.

Braun wies nun gleich darauf hin und zeigte experimentell, daß in seinen speziellen Dispositionen gekoppelter Systeme die Potentialamplitude allmählich durch Resonanz enorm in die Höhe getrieben wird und zieht zum Vergleich eine zuerst von OBERBECK[1] angegebene Versuchsanordnung heran.

An einem elastischen Drahte hängen zwei isochron schwingende Pendel (Figur 74), die zunächst (vergl. auch Seite 229/231) gleiche Masse haben sollen; man hebt das eine Pendel aus seiner Gleichgewichtslage, um es dann loszulassen, während das andere Pendel in Ruhe gehalten wurde. Das letztere fängt nun aber auch sofort an,

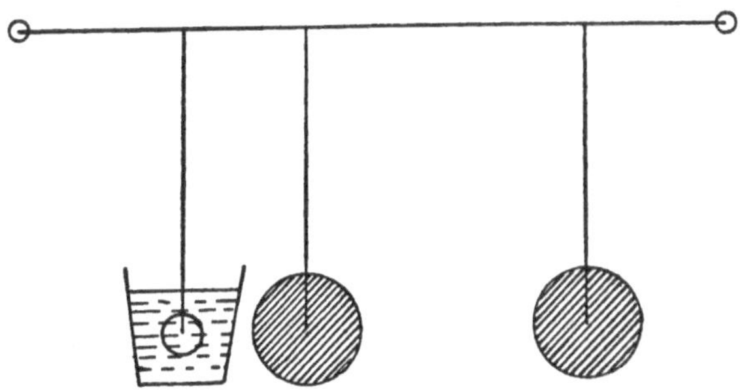

Fig. 74. Mechanisches Modell zur Demonstration der Wirkungen differenter Kopplungen.

Schwingungen auszuführen, deren Amplituden immer größer werden in dem Maße, wie die Amplituden des erregenden Pendels abnehmen; ist dieses endlich zur Ruhe gekommen, so haben wir bei dem anderen Pendel gleiche Amplitude wie anfangs bei dem erregenden Pendel, wenn wir Energieverluste ausschließen. Nun wiederholt sich der umgekehrte Vorgang, und so pendelt die Energie unaufhörlich hin und her. Gibt man jetzt aber den

[1] A. OBERBECK: WIEDEM. Ann. Bd. 34, S. 1041, 1888.

Pendeln verschiedene Massen, so erreicht die Maximalamplitude des leichteren Pendels einen größeren Wert als die Anfangsamplitude des schwereren Pendels. Die Energie erweist sich in beiden Systemen als gleich und es stehen die Amplituden im umgekehrten Verhältnis zu den Wurzeln aus den Massen der Systeme. Den Massen entsprechen elektrisch die Kapazitäten, den Amplituden die Potentialwerte.

An dieser Versuchsanordnung ließen sich nun schon weiter durch verschiedene Kombinationen der variablen Größen von Schwingungsdauer, Phase, Dämpfung und Kopplung experimentell größere Gebiete auftretender Phänomene absondern, welche allgemeine Gesetze erkennen lassen würden.

Eine gründliche theoretische Analyse ist dann von M. Wien vorgenommen worden, zunächst[1] ganz allgemein für schwingende elastische Systeme, welche gekoppelt sind, später[2] unter spezieller Diskussion der Verhältnisse in den elektrischen Systemen für die moderne drahtlose Telegraphie. Wien knüpft an die interessanten akustischen Versuche an aus dem Jahre 1868 von Warburg[3] für gekoppelte akustische Systeme, welche wegen der Identität in Betracht kommender Prinzipien auf elektrischem und akustischem Gebiete von größter Bedeutung sind, ferner an die theoretischen Ermittelungen von Geitler,[4]

[1] M. Wien a. a. O. 1897.

[2] Derselbe a. a. O. 1902.

[3] E. Warburg: Pogg. Ann. Bd. 136, S. 89, 1869.

[4] J. v. Geitler: Wiener Ber. Februar und Oktober 1895.

GALITZIN[1] und OBERBECK[2] für zwei ungedämpfte elektrische Systeme, welche miteinander in Verbindung stehen.

Wie vorher erwähnt sind die für unsere Zwecke in Betracht kommenden Fälle spezialisiert durch die Voraussetzung, daß wir in den praktischen Anordnungen ein schwach gedämpftes System großer Energiekapazität mit einem sehr stark gedämpften System kleiner Energiekapazität zu koppeln haben.

Unter dieser Berücksichtigung läßt sich das Ergebnis der Theorie in folgenden Sätzen zusammenfassen:

Bei gekoppelten Systemen entstehen in beiden im allgemeinen stets zwei Schwingungen von verschiedener Periodenzahl und Dämpfung, selbst dann, wenn beide Systeme auf denselben Eigenton gestimmt sind, und zwar ist die eine höher, die andere tiefer als der gemeinsame Eigenton. — Die Deformation ist um so größer, je enger die Kopplung ist.

Will man nur eine einzige Schwingung erzielen, so stehen dafür zwei Wege offen. Entweder muß man nämlich die beiden Systeme absolut fest koppeln, in welchem Falle jedoch auch die einzige resultierende Schwingung eine gegen den gemeinsamen Eigenton differente Schwingungszahl aufweist; oder man koppelt die auf gleichen Eigenton gestimm-

[1] Fürst B. GALITZIN: Petersburger Ber. Mai und Juni 1895.

[2] A. OBERBECK: WIEDEM. Ann. Bd. 55, S. 623, 1895.

ten Einzelsysteme ganz lose, und in diesem letzteren Falle ist dann die resultierende Schwingungszahl in Übereinstimmung mit dem gemeinsamen Eigenton.

Durch Resonanzversuche mit Hilfe des Wellenmessers[1] läßt sich die Theorie prüfen und die experimentellen Ergebnisse, welche zum Teil in diesem Buche aufgeführt sind, bestätigen dieselbe in allen Teilen.

Die Resonanzkurven in Figur 75 veranschaulichen einige der in Saßnitz vorgenommenen Messungen. Wegen der Bedeutung der Kurven verweisen wir den Leser auf die auf Seite 101 u. ff. dieses Buches gemachten Ausführungen.

Bei der relativ festen Kopplung lagen die Eigenschwingungen des primären und sekundären Systems bei $\lambda = 260$ Meter und $\lambda = 280$ Meter; technische Schwierigkeiten verhinderten uns damals, sie genauer aufeinander abzugleichen, wie es beabsichtigt war.

Es resultieren, wie Figur zeigt, zwei Wellen: $\lambda = 230$ Meter und $\lambda = 330$ Meter; die erstere erscheint viel stärker gedämpft als die letztere, wie wir es in der Tat experimentell (vergleiche Seite 104) bestätigen konnten.

Bei der ganz losen Kopplung waren die Einzelsysteme auf den gleichen Eigenton gebracht. Die Figur zeigt, daß nunmehr nur eine einzige Schwingung wirksam ist. Durch Vergleich der Resonanzkurven mit den

[1] J. DÖNITZ: Elektrotechnische Zeitschrift S. 920, 1903.

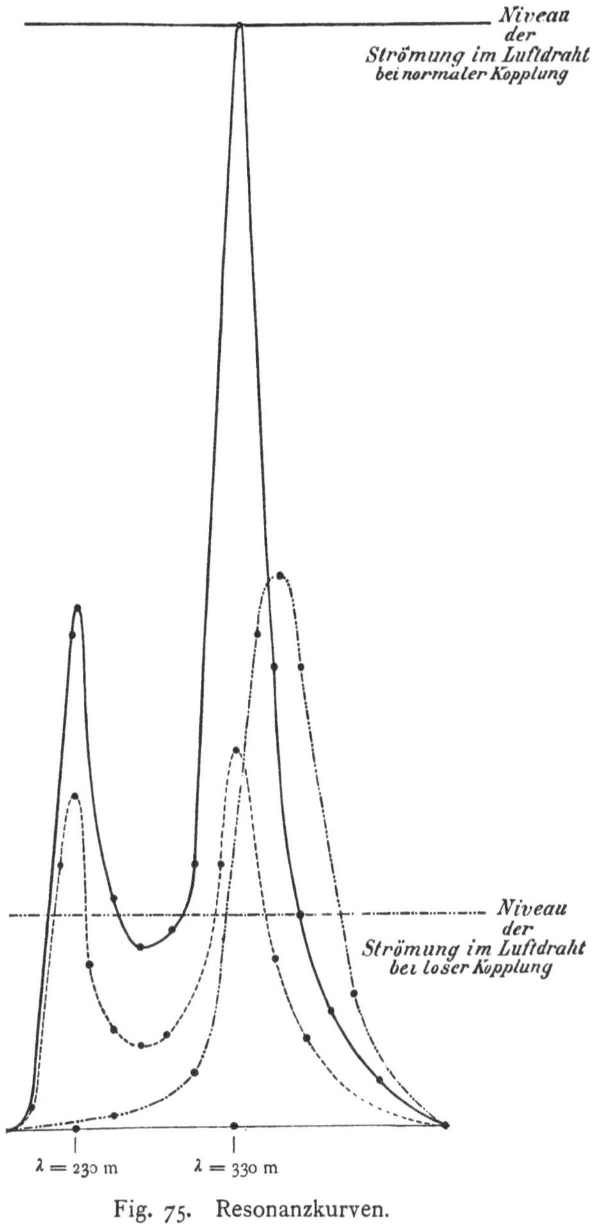

Fig. 75. Resonanzkurven.

jeweilig zur Ausbildung gelangenden Strömungsintensitäten im Luftdraht konnten wir (vergleiche Seite 105) den Schluß ziehen, daß von den beiden Kopplungsarten die lose Kopplung überhaupt die schwächste Dämpfung aufweist. Wir erhalten also experimentelle Ergebnisse, wie solche die Theorie voraussieht.

Bei dieser Sachlage sind nun zwei Fragen von ausschlaggebender Bedeutung für die Praxis der drahtlosen Telegraphie; I. hat man es in der Hand, die beiden Grenzfälle: absolut feste — ganz lose Kopplung — zu realisieren, und II. welches sind ihre spezifischen Wirkungsarten, durch welche sie sich voneinander unterscheiden?

Ad I. Eine absolut feste Kopplung ist für gewöhnlich unmöglich, da die früher angegebene Bedingung für dieselbe infolge der Art der bestehenden praktischen Anordnungen, zumal die freien Ansätze des sekundären Gebildes große Selbstinduktionskoeffizienten haben, nicht zu verwirklichen ist.

Anderseits kann man natürlich die Kopplung vollständig lose herstellen zur Erzielung nur einer einzigen wirksamen Schwingung, ebenso wie man in vielfachen Abstufungen doch zu einer hinreichend festen Kopplung gelangen kann, bei welcher zwei Schwingungsarten scharf ausgebildet sind; ja es erscheint für die bisherige Anwendungsweise der drahtlosen Telegraphie die hinreichend feste Kopplung im Sender, trotz ihrer gleich zu erörternden großen Nachteile für die Zwecke einer Abstimmung heute noch die geeignetere zu sein und ihre Benutzung bildet die Regel.

Ad II. Um die individuellen Vorzüge der differenten Kopplungsarten zu erkennen, wollen wir einige Berechnungen für die in Saßnitz benutzten Dispositionen durchführen.

Wien kommt zur Absonderung von zwei großen Gebieten, und unterscheiden wir entsprechend:

Gebiet A, in welchem die Kopplung vorherrscht,
Gebiet B, in welchem die Dämpfung vorherrscht.

Gebiet A ist begrenzt durch die Beziehung

$$K n > h_1 - h_2$$

wo bedeuten K Kopplungsgrad, n Schwingungszahl in 2π Sekunden, h_1 h_2 die Dämpfungen des primären und sekundären Systems.

Für den Fall absoluter Syntonie der Einzelsysteme läßt hier nun die Theorie das Auftreten von zwei Schwingungen in jedem der beiden Systeme erkennen, von denen die eine um ebensoviel höher wie die andere tiefer ist als der gemeinsame Eigenton. Beide Schwingungen haben ferner bei nicht allzu enger Kopplung merklich gleiche Dämpfung, und zwar ist solche gleich dem arithmetischen Mittel aus den beiden Dämpfungen der Einzelsysteme; auf diese Weise sind auch während der ganzen Schwingung Schwebungen vorhanden, deren temporär summierender Einfluß bei den Potentialwerten zum Ausdruck kommen wird.

Sind nun aber die *Schwingungszahlen* der Einzelsysteme *nicht genau übereinstimmend*, so ergibt die Theorie, daß jetzt die resultierenden zwei Schwingungen weiter in ihren Schwingungszahlen voneinander abstehen müssen als für den Fall absoluter Resonanz (Syntonie) und ferner, *daß die eine Schwingung stärker gedämpft sein muß als die andere*.

Die auf Seite 220 diskutierten Resonanzkurven beziehen sich auf diesen zweiten Fall im A-Gebiete und lassen die Übereinstimmung mit theoretischen Erfordernissen erkenen. Auch hier entstehen Schwebungen, die aber schnell wieder verschwinden, um so schneller, je größer die Differenz der Schwingungszahlen ist.

Wir wollen uns diesen zweiten (allgemeinen) Fall im A-Gebiet durch folgende Berechnung illustrieren. Angenommen zunächst, wir hätten das primäre System präzis auf das sekundäre System abgestimmt; die gemeinschaftliche Wellenlänge (vergleiche Seite 220) betrüge dann $\lambda = 280$ Meter, also die Schwingungszahl

$$N = \frac{3 \cdot 10^{10}}{2{,}8 \cdot 10^{4}} = 1{,}07 \cdot 10^{6}$$

oder in 2π Sekunden

$$n = 2\pi \cdot 1{,}07 \cdot 10^{6} = 6{,}723 \cdot 10^{6}.$$

Die primäre Selbstinduktion betrug

$$L_1 = 3{,}5 \cdot 10^{3} \text{ Zentimeter}$$

also die primäre Kapazität

$$C_1 = \frac{1}{n^2 L_1} = 0{,}0063 \text{ Mikro-Farad},$$

die sekundäre Selbstinduktion

$$L_2 = 4{,}5 \cdot 10^5 \text{ Zentimeter},$$

also die Kapazität des sekundären Systems

$$C_2 = \frac{1}{n^2 L_2} = 4{,}917 \cdot 10^{-5} \text{ Mikro-Farad}.$$

Die gegenseitige Induktion

$$L_{12} = 1{,}3 \cdot 10^4 \text{ Zentimeter}.$$

Der Widerstand des primären Kreises inklusive Funkenstrecke (1 Zentimeter) dürfte mit Rücksicht auf benutzte große Elektrizitätsmengen höchstens 0,5 Ohm betragen haben, also

$$W_1 = 0{,}5 \cdot 10^9 \text{ Zentimeter}.$$

W_2, der sogenannte „wirksame Widerstand", welcher alle Energieverluste ersetzen würde, bestimmt sich durch

$$W_2 = 2\, L_2\, N \gamma = 318 \text{ Ohm} = 318 \cdot 10^9 \text{ Zentimeter},$$

wo γ das log. Strahlungsdekrement bedeutet und sich nach ABRAHAM[1] bestimmt durch

$$\gamma = \frac{2{,}44}{ln \cdot \frac{2\,l}{r}} = 0{,}33.$$

Es war in Saßnitz die Länge des Luftdrahtes $l = 65$ Meter und der „wirksame"[2] Radius $r = 10$ Zenti-

[1] M. ABRAHAM: Physikalische Zeitschrift No. 2, S. 329, 1901.

[2] P. DRUDE: Annalen der Physik Bd. 11, S. 995, 1903.

meter mit Rücksicht auf benutztes Netz (vergleiche auch Seite 235).

Die Dämpfungen des primären und sekundären Systems betragen nun

$$h_1 = \frac{W_1}{2L_1} = 7{,}143 \cdot 10^4$$

$$h_2 = \frac{W_2}{2L_2} = 3{,}53 \cdot 10^5.$$

Der Kopplungsgrad

$$K = \sqrt{K_1 K_2} = \sqrt{\frac{L_{12}}{L_2} \cdot \frac{L_{12}}{L_1}} = 0{,}3276$$

und

$$nK = 2{,}2 \cdot 10^6.$$

Die Schwingungszahlen (in 2π Sekunden) der resultierenden zwei Schwingungen müßten sein:

$$n_1 = n + \tfrac{1}{2}\sqrt{K^2 n^2 - (h_1 - h_2)^2} = 7{,}814 \cdot 10^{\cdot 6}$$

$$n_2 = n - \tfrac{1}{2}\sqrt{K^2 n^2 - (h_1 - h_2)^2} = 5{,}632 \cdot 10^{\cdot 6}$$

oder

$$\underline{N_1} = \frac{n_1}{2\pi} = \underline{1{,}2435 \cdot 10^{\cdot 6}}$$

$$\underline{N_2} = \frac{n_2}{2\pi} = \underline{0{,}89635 \cdot 10^{\cdot 6}}.$$

Aus den Versuchen (vergleiche Seite 220) erhielten wir die beiden Wellenlängen $\lambda_1 = 230$ Meter; $\lambda_2 = 330$ Meter, also

$$\underline{\text{empirisch } N_1} = \underline{1{,}3 \cdot 10^{\cdot 6}}$$

$$\underline{\text{empirisch } N_2} = \underline{0{,}9 \cdot 10^{\cdot 6}}.$$

Die Abweichung ist nicht sehr bedeutend, aber sie genügt, um zu erkennen, daß für die Dispositionen in Saßnitz, in welchen die Eigenschwingungen (vergleiche Seite 220) nicht genau übereinstimmten, die resultierenden Schwingungszahlen weiter auseinanderliegen als für den theoretisch durchgeführten Fall der Resonanz, wo ihre Differenz ein Minimum ist.

Für den Fall der Resonanz würden die Dämpfungen der resultierenden gemeinschaftlichen Schwingungen der beiden Systeme bei nicht allzu enger Kopplung, wie schon erwähnt, gleich sein, und zwar

$$= \frac{h_1 + h_2}{2} = \frac{(0{,}714 + 3{,}53)\ 10^5}{2} = 2{,}122 \cdot 10^5$$

oder das log. Dekrement

$$= \frac{2{,}122 \cdot 10^5}{N} = \frac{2{,}122 \cdot 10^5}{1{,}07 \cdot 10^6} = 0{,}198 \text{ oder } = \frac{1}{5{,}1}.$$

Nach vorstehendem kommen wir so in einfacher Weise zu dem uns am meisten interessierenden Schluß, daß im günstigsten Falle, wenn es gelänge, die Dämpfung des primären Kreises auf Null zu reduzieren, wir die Dämpfung der wirksamen Wellenzüge nur auf die Hälfte herabsetzen könnten. Die vorherrschende Kopplung ist also für die Auswertung des Resonanzprinzips sehr ungünstig.

Forschen wir nun nach den Gründen, weshalb, besonders für große Entfernungen, die Pioniere der drahtlosen Telegraphie empirisch immer dazu geführt wurden, relativ feste Kopplungen anzuwenden, so geben auch darüber folgende einfache Rechnungen Aufschluß.

Die Energie des primären Systems ist bestimmt durch

$$E = \frac{C V^2}{2}.$$

Es betrage wieder die Kapazität $C = 0{,}0063$ Mikro-Farad $= 6{,}3 \cdot 10^{-18}$ absolute Einheiten (bei einer Wellenlänge $\lambda = 280$ Meter, vergleiche Seite 224) und das Entladungspotential (bei 1 Zentimeter Funkenstrecke) $V = 30000$ Volt $= 30000 \cdot 10^8$.

Also ist

$$\frac{C V^2}{2} = \frac{6{,}3 \cdot 10^{-18} \cdot (30000 \cdot 10^8)^2}{2} = 2{,}835 \cdot 10^7 \text{ Erg}$$

oder 2,835 Watt-Sek.

Diese Energie wird nun in sehr kurzer Zeit verausgabt; in der Zeit, in welcher die Anfangsamplitude auf $\frac{1}{e}$ ihrer Größe fällt, verlaufen, wie das vorhin ermittelte log. Dekrement $= \frac{1}{5{,}1}$ aussagt, 5,1 Schwingungen. Nehmen wir an, daß wir die Dämpfung des primären Kreises noch überschätzt hätten, so daß es rund sechs Schwingungen wären, ferner, daß während dieser Zeit von $6 \cdot 0{,}93 \cdot 10^{-6}$ Sekunden nur ein Drittel der Gesamtenergie in nutzbare Strahlung verwandelt würde, so hätten wir einen Effekt

$$= \frac{2{,}835}{3 \cdot 6 \cdot 0{,}93 \cdot 10^{-6}} \text{ Watt} = \text{circa } 169 \text{ Kilowatt}$$

oder circa 229 Pferdekräften.

Solche Zahlen demonstrieren am klarsten die Möglichkeit, riesige Entfernungen zu überbrücken, und es wird jetzt weniger wunderbar erscheinen, daß derartige, durch vorherrschende Kopplung erzeugte, gewaltige Explosionen, welche Kanonenschüssen vergleichbar sind, auch über den Ozean hinüberschallen.

Wir haben bereits ausgeführt, daß es für den Kohärer auf die Größe der Potentialamplitude ankommt, und wir wissen, daß mit wachsenden Entfernungen die Amplituden umgekehrt proportional denselben sind. Nach vorstehend illustriertem Modus der vorherrschenden Kopplung wird nach WIEN die Anfangsamplitude auf das

$$\sqrt{\frac{C_1}{C_2}} = \sqrt{\frac{L_2}{L_1}}\text{fache} = \sqrt{\frac{4{,}5 \cdot 10^5}{3{,}5 \cdot 10^3}} = 11{,}4\,\text{fache}$$

oder korrekter, unter Berücksichtigung der Dämpfung, auf das

$$\sqrt{\frac{L_2}{L_1}} \cdot e^{-\frac{\frac{h_1+h_2}{2}}{2N \cdot K}}\,\text{fache} = 8{,}4\,\text{fache}$$

hinaufgetrieben. Da wir im primären System mit 30000 Volt operierten, so haben wir im sekundären System eine Potentialamplitude entsprechend

$$8{,}4 \times 30000 = \text{circa } 250000 \text{ Volt.}$$

Macht man bei dem auf Seite 217 erwähnten Modell der „sympathischen“ Pendel die Linse des einen Pendels sehr leicht und taucht sie in eine Flüssigkeit zur Erzeugung der Dämpfung, so können wir das zuletzt Gesagte veranschaulichen, wenn die Pendel fest gekoppelt, d. h. nahe beieinander angebracht sind. Regt man nämlich das System bei dem schwereren, schwach gedämpften Pendel an, so gerät auch das leichte, stark gedämpfte Pendel fast augenblicklich in heftige Schwingungen, aber die große Maximalamplitude sinkt schon nach wenigen Schwingungen auf einen sehr kleinen Wert und das ganze System kommt zur Ruhe.

Die gewaltige Anfangsamplitude der ausgehenden Wellenzüge bei vorherrschender Kopplung ist die spezifische Eigentümlichkeit dieser Kopplung und macht sie immer da zur Anwendung geeignet, wo es sich, ohne hohe Ansprüche auf Abstimmung, nur um die Überbrückung großer Entfernungen handelt.

Gebiet B. In diesem Gebiete ist also die Dämpfung vorherrschend, d. h. $h_1 - h_2 > K n$. Das Ergebnis der Theorie ist allgemein: zwei gleiche Schwingungszahlen aber verschiedene Dämpfung. Die eine Dämpfung ist aber horrend, nämlich fast gleich derjenigen des sekundären Systems; die energieschwache Schwingung mit dieser Dämpfung erstirbt deshalb sofort und kommt gar nicht in Betracht.

Wirksam ist nur eine einzige Schwingung, wie wir es in den Resonanzkurven, Seite 221, feststellten; ihre Dämpfung ergibt sich

$$\delta_1 = h_1 + \frac{K^2 n^2}{4(h_2 - h_1)}$$

d. h. dieselbe kann fast übereinstimmend mit der geringen Dämpfung des primären Schwingungskreises gemacht werden. Mit der losen Kopplung realisieren wir also durch Erzielung kleinster Dämpfung die Grundbedingung für eine möglichst vollkommene Auswertung des Resonanzprinzips.

Regen wir das System der sympathischen Pendel in größerem Abstand, also in loser Kopplung voneinander, an, so sieht man in der Tat eine größere Anzahl Schwingungen verlaufen, aber von sehr kleinen Amplituden.

Wir verfolgen wieder die Rechnung, um vollständig klar zu sehen und benutzen dasselbe Beispiel wie vorhin.

Der Übergang aus dem Gebiet A in das Gebiet B ist bei $K n = h_2 - h_1$; hieraus bestimmte sich

$$L_{12} = \frac{(h_2 - h_1)\sqrt{L_1 \cdot L_2}}{n}$$

wobei wir jetzt die Annahme machen, daß die Kopplung und gegenseitige Induktion verkleinert würde durch vergrößerten Abstand zwischen primärer und sekundärer Spule, also ohne Veränderungen von L_1 und L_2. Es wird dann, aus vorstehender Gleichung, $L_{12} = 1{,}52 \cdot 10^3$, und wollen wir, um in das Gebiet der losen Kopplung überzutreten, annehmen, es sei $L_{12} = 1{,}3 \cdot 10^3$. Dann wird die Kopplung $K = 0{,}03$, also $\frac{1}{10}$ der diskutierten engeren Kopplung.

Es wird nach Formel, Seite 230, $\delta_1 = 1{,}144 \cdot 10^5$, also das log. Dekrement

$$\frac{0{,}1144 \cdot 10^6}{1{,}07 \cdot 10^6} = \text{circa } \tfrac{1}{10}.$$

Zum Vergleich stellen wir zusammen:

log. Dekrement des MARCONI-Senders . . . . ca. $\frac{1}{3}$
„ „ des BRAUN-Senders bei enger Kopplung „ $\frac{1}{5}$
„ „ „ „ „ loser „ „ $\frac{1}{10}$

Wir erhalten also jetzt schon die doppelte Anzahl Schwingungen als bei enger Kopplung. Nach WIEN ist dagegen das Amplitudenverhältnis $\frac{A_2}{A_1}$ bestimmt durch:

$$\frac{A_2}{A_1} = \frac{n \cdot L_{12} \cdot L_2}{2 W_2 L_1} = 1{,}77$$

also etwa $\frac{1}{5}$ wie bei enger Kopplung (= 8,4; vergleiche Seite 229).

Wir machen die Kopplung noch loser und sie betrage nur $\frac{1}{100}$ der engen Kopplung, also $K = 0{,}33 \cdot 10^{-2}$ und $L_{12} = 1{,}3 \cdot 10^2$.

Es wird $\delta_1 = 0{,}718 \cdot 10^5$, das log. Dekrement = 0,067 = circa $\frac{1}{15}$, das Amplitudenverhältnis = 0,18, also etwa 47 mal verkleinert gegen vorherrschende Kopplung.

Wie qualitativ vorauszusehen war, ergibt sich also eine starke Verkleinerung der Potentialamplitude, es ist der Preis für die erzielte schwache Dämpfung. — Entsprechend müßten sich nun auch die zu überbrückenden Entfernungen reduzieren; das ist nicht ganz richtig, denn erstens werden wir sehen, daß uns die Anwendung der losen Kopplung im Empfänger in dieser Hinsicht neue Vorteile verschafft und zweitens kommt hinzu, daß die schwach gedämpften Wellenzüge es gestatten, im Empfänger viel delikatere Mittel anzuwenden, wodurch wir die Empfindlichkeit (also auch Entfernungen) beträchtlich steigern, ohne die Betriebssicherheit zu gefährden.

Immerhin ist bei größeren Entfernungen der Einfluß der reduzierten Potentialamplituden doch sehr merkbar; so war es schon auf den Ostseestationen für die Entfernung von 170 Kilometer nicht mehr möglich, mit ganz loser Kopplung im Sender die gleiche Betriebssicherheit zu behaupten wie mit vorherrschender Kopplung bei sonst gleichen Verhältnissen.

Der Weg zur Ausbildung der denkbar schärfsten Abstimmung ist aber durch die Anwendung der losen Kopplung prinzipiell gegeben, und wenn auch der Empfänger entsprechend ausgebildet ist, so hätten wir das elektrische Analogon zu zwei aufeinander resonierende, synchron schwingende Stimmgabeln auf Resonanzböden realisiert.

Die relativ geringe Dämpfung des primären Kreises ist das Kriterium für die Dämpfung der wirksamen Wellenzüge.

Untersucht man vermittels des Helmholtz-Pendels den primären Kreis ohne Funkenstrecke, so findet man eine viel größere Anzahl Schwingungen als ceteris paribus mit Funkenstrecke, und es erscheint dringend wünschenswert, dieselbe zu beseitigen. Verfasser hat im Laboratorium eine mögliche Schaltung messend verfolgt und in Übereinstimmung mit theoretischen Ermittlungen gefunden; es kann jedoch darüber erst berichtet werden, nachdem solche demnächst in praktischer Wirksamkeit ausprobiert ist. Wegen der Größe des wirksamen Widerstandes beziehen wir uns auf das auf Seite 199 und 213 Gesagte.

Behält man die Funkenstrecke bei, so ist es nicht recht verständlich, weshalb man noch ausschließlich an der Benutzung von Luftfunkenstrecken und Induktorien festhält. Nach den zielbewußten Untersuchungen von SIMON und REICH[1] müßte die Einführung von Metall-Vakuumfunkenstrecken, sowie von hochgespannten Gleichströmen wesentliche Vorteile mit sich bringen, und zwar in zweifachem Sinne; man würde länger anhaltende sowie energievolle Wellenzüge erzielen können und ferner würden sich die Wellenzüge schneller aufeinander folgen als es jetzt der Fall ist, wo die Dauer eines Entladungskomplexes im Verhältnis zur Dauer der Pausen zwischen solchen verschwindend klein ist (vergl. Seite 108).

Wenn es bei der losen Kopplung auch hauptsächlich auf den primären Kreis ankommt, so spielt doch für die Abstimmung die geeignetste Beschaffenheit des sekundären Gebildes eine bedeutende Rolle. Nach früher beschriebenen Versuchen des Verfassers kann selbst die beste Erdung für das sekundäre

---

[1] SIMON und REICH: Physikalische Zeitschrift No. 4, S. 364 und 737, 1903.

System nicht empfohlen werden, sondern die von BRAUN angegebene Anordnung (Figur 76), bei welcher der Luftdraht durch Metallplatten ausbalanciert wird, ist entschieden vorzuziehen.

DRUDE[1] kommt theoretisch zu dem gleichen Schluß und gibt zur Berechnung der Flächengröße S von Metall-

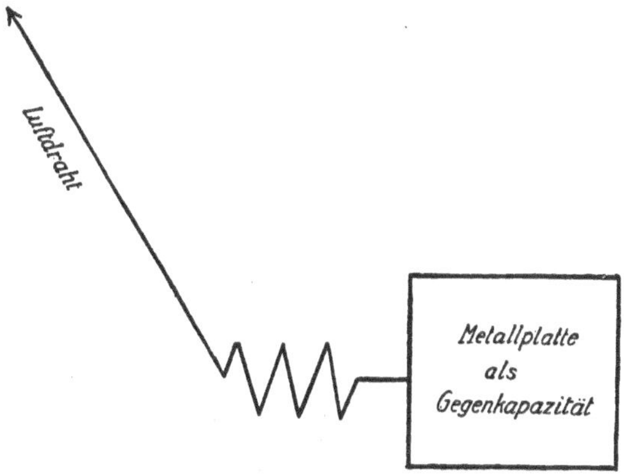

Fig. 76. Sekundärgebilde des BRAUN-Gebers.

platten, welche einen Luftdraht von der Länge l das elektrische Gleichgewicht halten, die Formel:

$$\sqrt{S} = \frac{0{,}603 \cdot l}{\text{brigg. log.} \frac{l}{\varrho}}$$

In Saßnitz war $l = 65$ Meter, der „wirksame" (vergleiche Seite 225/226) Radius $\varrho = 0{,}1$ Meter, so daß sich ergibt $S = 13{,}93$ Quadratmeter. Verfasser hatte rein

[1] P. DRUDE: Annalen der Physik Bd. 11, S. 957, 1903.

experimentell, ohne Kenntnis der (damals noch nicht publizierten) DRUDEschen Arbeit, $S =$ circa 13,7 Quadratmeter ermittelt.

Noch ein Wort über die Art der Erzielung der losen Kopplung. Falls, wie bei günstigster direkter Schaltung[1],

$$L_{12} = L_1$$

so wird

$$L_1 = K^2 L_2$$

d. h. mit abnehmender Selbstinduktion des primären Kreises wird die Kopplung des ganzen Systems loser.

Dies ist nun aber durchaus nur relativ zu verstehen, denn selbst wenn man die primäre Selbstinduktion so groß machte, daß man die primären Windungen ganz über die sekundäre Spule verteilen könnte, so würde dadurch, wegen der hohen Selbstinduktions-Koeffizienten der freien Ansätze, die Kopplung des ganzen Systems doch nicht wesentlich fester. Diese Methode, den Kopplungsgrad zu variieren, erscheint deshalb ungeeignet, ja sogar eventuell sehr unrationell, weil mit abnehmender Selbstinduktion des primären Kreises die Dämpfung größer wird.

Für die lose Kopplung läßt sich also auch schon qualitativ aussagen, daß die Kapazität des primären Kreises kein zu großes Übergewicht bekommen darf, aber es dürfte, sobald die Widerstandsverhältnisse klargestellt sind, eine sehr dankbare theoretische Aufgabe

[1] F. BRAUN: Physikalische Zeitschrift No. 8, 1904.

sein, ganz allgemein die günstigste Verteilung der Werte der Kapazitäten, Selbstinduktionen und gegenseitiger Induktion zu formulieren, um zwischen fast immer vorhandenen mehrfachen Forderungen, die sich in ihren Wirkungen kontrastieren, am günstigsten entscheiden zu können.

Um die Kopplung zu variieren, wird man in der Regel also am besten die relative Lage der Spulen oder ihre Radien variieren.

Bei stark vorherrschender Kopplung scheint eine kleine primäre Selbstinduktion günstig[1] zu sein.

Überblicken wir nochmals die Ausführungen über die Verhältnisse im Sender der drahtlosen Telegraphie, so erkennen wir, daß das Problem scharfer Abstimmung vollständig nur auf dem Gebiete der losen Kopplung zu lösen ist, während auf dem Gebiete vorherrschender Kopplung die großen Entfernungen die erste Rolle spielen.

Dennoch ist glücklicherweise ein Kompromiß möglich, da auch bei noch vorherrschender Kopplung die Dämpfung wenigstens soweit reduziert werden kann, daß schon eine sehr weitgehende Abstimmung zu erzielen ist, wie wir nunmehr bei der Diskussion des Empfängers weiter ausführen werden.

[1] M. ABRAHAM: Physikalische Zeitschrift No. 7, 1904.

Viertes Kapitel.

Der Empfänger.

Für den einfachen Marconi-Empfänger können wir uns auf das Vorhergesagte beziehen; die Schwingungszahlen differenter auftreffender Wellen aus verschiedenen Sendern müssen schon enorm voneinander abweichen, wenn überhaupt mehrere Empfänger ohne Interferenz nebeneinander sollen existieren können.

Bei gekoppeltem Empfänger (Figur 77), bestanden die Einrichtungen zunächst darin, daß ein primärer Schwingungskreis von großer Kapazität und kleiner Selbstinduktion, der mit der wirksamen Welle des Senders gleichgestimmt sein sollte, mit den gleichen Ansätzen (Luftdraht – Gegenkapazität wie im Sender) direkt gekoppelt wurde. Da der Kohärer jedoch nicht auf Stromstärken, sondern auf Potentialdifferenzen reagiert, so wird die Potentialamplitude hinauftransformiert durch einen sekundären Kreis von hoher Selbstinduktion, der mit dem primären Kreis festgekoppelt ist.

Die Vorstellung ging dahin, daß das primäre System durch Synchronismus mit der wirksamen Schwingung successiv zu starkem Tönen gebracht würde und dann seine Energie durch Vermittlung der sekundären Spule in geeignetster Form auf den Kohärer konzentriere, der an die Enden der sekundären Windungen unmittelbar angeschlossen war.

Diese Annahme trägt die Devise: quae volumus credimus libenter.

Die experimentelle Prüfung ergab zunächst sofort, daß infolge der festen Kopplung das Ganze als ein

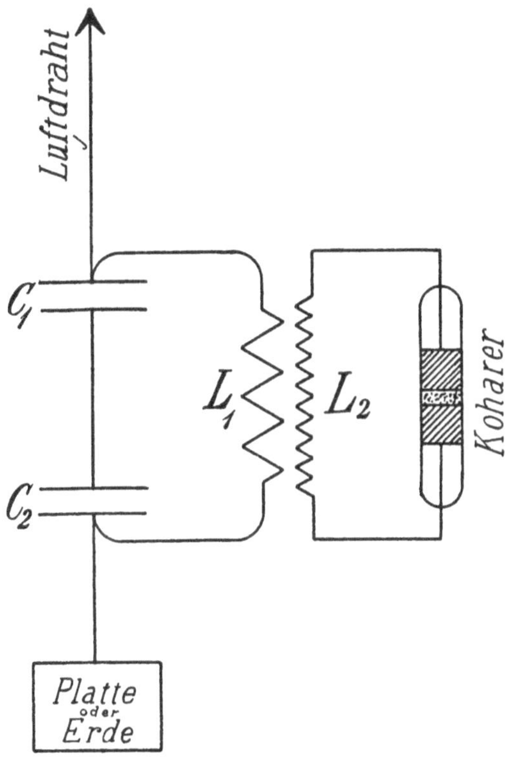

Fig. 77. BRAUN-Empfänger.

einziges System aufzufassen war, welches durch die Ansätze stark gedämpft wurde.

In unseren nun einsetzenden analytischen Arbeiten wurden wir dann in erster Linie dazu geführt, das sekundäre System durch Parallelschaltung eines Kondensators (regulierbarer Luftkondensator c_r) zu einem selbständigen ungedämpften Schwingungsgebilde (Figur 78) zu

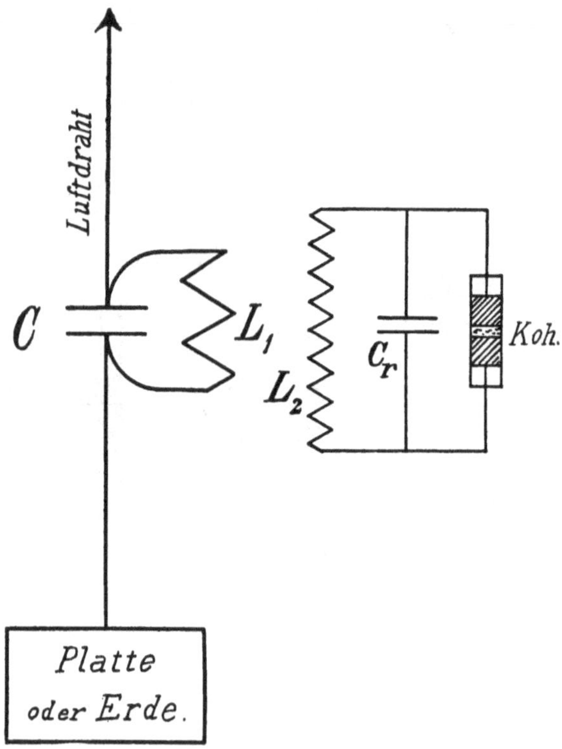

Fig. 78. BRAUN-Empfänger mit geschlossenem, abstimmbarem Sekundärkreis.

machen; des weiteren wurden dann die günstigsten Verhältnisse von C und L unter gleichzeitiger Variation der Kopplung ermittelt.

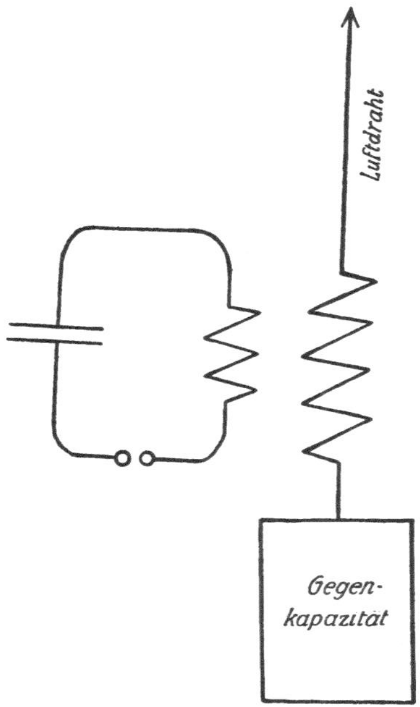

Fig. 79a. Sender.

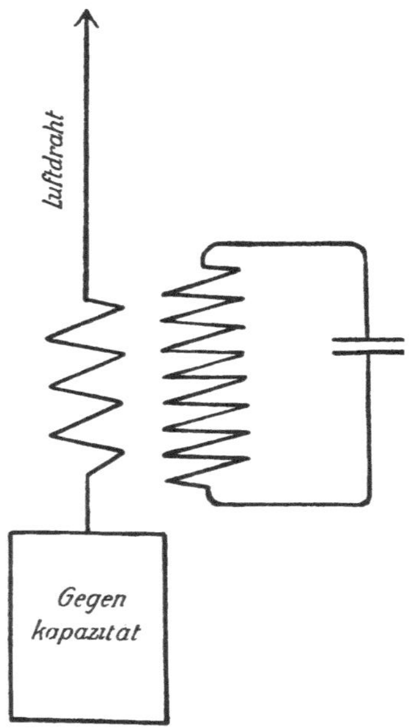

Fig. 79b. Empfänger.

Um nun aber erst allgemein die theoretischen Ergebnisse nach WIEN darzulegen, setzen wir im Empfänger das primäre $C = o$, so daß wir identische Dispositionen (Figuren 79) im Sender und Empfänger haben und alle vier Systeme seien ferner in Unisono (λ = 280 Meter).

A. Bei vorherrschender gleicher Kopplung im Sender und Empfänger resultieren im letzteren jetzt ebenfalls dieselben differenten Schwingungszahlen mit gleicher Dämpfung; auch ist letztere wieder $= \frac{h_3 + h_4}{2}$, wo h_3 h_4 die Dämpfung der Einzelsysteme des Empfängers bedeuten. Es lohnt sich nicht, die Betrachtung auf diesem Wege weiter fortzusetzen, denn es ist schon jetzt einleuchtend, daß für die Resonanz hier kaum mehr zu erhoffen ist als bei den einfachen MARCONI-Systemen. Begeben wir uns also gleich auf die uns bekannten Hauptstraße dieses Gebietes, in dem die Kopplung dominiert.

Wir führten aus, welche gigantischen Formen die potentielle Energie des primären Kreises des Senders annehmen konnte; in unserem Zahlenbeispiel (vergleiche Seite 229) wurde die Potentialamplitude auf das 8,4 fache hinaufgetrieben. Im Empfänger wird ebenfalls das Verhältnis der Potentialamplituden

$$\frac{V_4}{V_3} = \sqrt{\frac{L_4}{L_3}}$$

und da wir für den sekundären Kreis die Selbstinduktion (L_4) sehr hoch normiert haben, wird auch im Empfänger die Amplitude um ein Mehrfaches, sagen wir das 3 fache, hinauftransformiert. Wir würden also mit unseren exemplifizierten relativ eng gekoppelten Dispositionen die 8,4 × 3 = circa 25 fache Entfernung überbrücken können als mit den einfachen MARCONIschen Anordnungen.

Die Zusammenstellung von fest gekoppeltem Sender und Empfänger ist das Prototyp für maximale Kraftleistung.

B. Lose Kopplung im Sender und Empfänger. Bei vorherrschender Dämpfung erkannten wir im Sender als wirksam nur eine einzige Schwingung mit annähernd der gleichen geringen Dämpfung des primären Kreises.

Zu prinzipiell gleichem Resultat gelangt man nun auch für den Empfänger, d. h. es kommt nur eine Schwingung in Betracht mit einer Dämpfung

$$\delta_4 = h_4 + \frac{n^2 k^2}{4(h_3 - h_4)}.$$

Da jetzt im sekundären geschlossenen Kreis keine Funkenstrecke sich befindet, so kann seine Dämpfung h_4 sehr niedrig gemacht werden und wir hätten es nun in der Hand, die Dämpfung δ_4 durch sehr lose Kopplung auf den kleinen Wert h_4 zu bringen, was jedoch nur dann einen Sinn hätte, wenn man die Dämpfung δ_1 der wirksamen Senderwelle in gleicher Weise reduzieren könnte.

Wir zitierten auf Seite 211 nach BJERKNESS eine Gleichung, aus der sich ergab, daß die Maximalamplitude die gleiche bleibt, ob eine stark gedämpfte Senderschwingung einen ungedämpften Empfänger erregt, oder ob die auftreffende Welle ungedämpft ist und nun der Empfänger die gleich starke Dämpfung besitzt wie im ersten Falle der Sender.

WIEN macht hiervon Anwendung zum Zwecke einer Vereinfachung theoretischer Ableitungen und erzielt so für die Maximalamplitude des lose gekoppelten Empfängers den Wert:

$$M_k = \frac{A k_4}{4 h_3 h_4}$$

wo der Kopplungskoeffizient

$$k_4 = \frac{L_{34}}{L_3}$$

ist. Für das einfache System (Seite 211) war die Maximalamplitude:

$$M = \frac{A}{2n h_1 \cdot e} = \frac{A}{2n h_3 \cdot e}.$$

Berücksichtigen wir, daß

$$h_4 = \delta_4 = \delta_1$$

so wird:

$$\frac{M_k}{M} = \frac{n L_{34} \cdot e}{2 \delta_1 L_3}.$$

Es bestimmt sich L_{34} aus der auf Seite 243 für δ_4 angegebenen Formel, indem wir das kleine h_4 vernachlässigen:

$$k^2 = \frac{L_{34}^2}{L_3 L_4} = \frac{4 h_3 \delta_1}{n^2}.$$

Angenommen es sei $\delta_4 = \frac{\delta_1}{9}$
so wird

$$L_{34} = \frac{2}{3 \cdot n} \sqrt{h_3\, \delta_1\, L_3\, L_4}.$$

Es war (Seite 224) $n = 6{,}7 \cdot 10^6$
" " (" 226) $h_3 = h_2 = 3{,}5 \cdot 10^5$
" " (" 232) $\delta_1 = 0{,}72 \cdot 10^5$
" " (" 225) $L_3 = L_2 = 4{,}5 \cdot 10^5$
" " (" 242/243) $L_4 = 9 \cdot L_3 = 40{,}5 \cdot 10^5$.

Also $L_{34} = 2{,}13 \cdot 10^4$.

Endlich das Amplitudenverhältnis:

$$\frac{M_k}{M} = \frac{n \cdot L_{34} \cdot 2{,}718 \cdots\cdots}{2 \cdot \delta_1 \cdot L_3} = 5{,}9.$$

Im sekundären System des Empfängers ist also bei loser Kopplung an und für sich die Potentialamplitude circa sechsmal so groß als bei dem einfachen System und (vergleiche Seite 243) circa zweimal so groß als bei gekoppeltem System mit vorherrschender Kopplung.

Dem steht aber gegenüber, daß wir die geringe Dämpfung durch lose Kopplung im Sender erkauft haben mit einer circa sechsmal verkleinerten Potentialamplitude (vergleiche Seite 232, Amplitudenverhältnis = 0,18 = circa $\frac{1}{6}$) gegenüber dem einfachen System und mit einer circa 47 mal verkleinerten Amplitude (vergleiche Seite 232) gegenüber dem gekoppelten System mit vorherrschender Kopplung.

Das betrübende Fazit ist also, daß wir mit loser Kopplung nicht weiter telegraphieren können als mit den einfachen MARCONI-Systemen, und nur auf eine 47 : 2 =

circa 25 mal kleinere Entfernungen als mit eng gekoppelten Systemen.

Würden wir die Dämpfung δ_1 der wirksamen Welle von dem Neunfachen auf das Vierfache ($\delta_1 = 4\,\delta_4$) von δ_4 herunterdrücken können, ohne sonst etwas zu ändern, so würde das Amplitudenverhältnis $\frac{M_k}{M} = 9$ werden; es liegt auf der Hand, daß auf diesem Wege nicht viel zu holen ist.

Anderseits läßt sich ohne weiteres einsehen, daß mit abnehmender Dämpfung die Resonanz eine außerordentlich scharfe werden muß.

Die Zusammenstellung von lose gekoppeltem Sender und Empfänger ist das Prototyp für maximale Schärfe der Resonanz und Selektion.

Im Empfänger kann also die Dämpfung δ_4 der wirksamen Schwingung durch ganz lose Kopplung auf die kleine Dämpfung h_4 des sekundären Kreises heruntergedrückt werden. Gelingt es im Sender ohne Funkenstrecke zu arbeiten, so gilt das gleiche auch für ihn, nur wird seine Dämpfung h_1 im günstigsten Falle bei vernachlässigtem Widerstand doch um das $\sqrt{\frac{C_1}{L_1}} : \sqrt{\frac{C_4}{L_4}}$ fache infolge der differenten Verteilung von Kapazität und Selbstinduktion im Sender und Empfänger vergrößert sein. In diesem idealen Falle könnte man natürlich mit einer fast unbegrenzten Anzahl von Stationen gleichzeitig arbeiten. Wien macht nun noch sehr begründete Einschränkungen, indem er supponiert, daß der Empfänger für die richtige Schwingungszahl viermal so empfindlich sein soll wie für irgendeinen abweichenden Ton, so daß die kleinste Dissonanz, bei welcher eine Interferenz nicht mehr stattfinde, unter gleichzeitiger Annahme verschieden großer Entfernungen (1 : 10) etwa fünf Prozent der Schwingungszahl betrage. Selbst bei dieser Voraussetzung und unter Benutzung heutiger Dispositionen würde man aber dann doch noch mit etwa 50 Stationen gleichzeitig ohne gegenseitige Störung arbeiten können.

Es ist klar, daß man sich auch von Störungen durch eng gekoppelte Sender frei halten kann, wenn nur der Unterschied der wirksamen gegen die dem Empfänger zugehörige Welle genügend groß ist, so daß man also zunächst bei großer Entfernung mit sehr langen Wellen durch eng gekoppelte Systeme den einfachen Betrieb aufnehmen ließe und erst bei genügend kleiner Entfernung mit etwa halb so großen Wellen durch lose Kopplung die selektive Telegraphie anwenden würde.

Praktisch hat dies seine Schwierigkeiten, da nicht nur auf jeder Station die doppelte Apparatur, sondern auch verschieden große Luftdrähte vorhanden sein müßten, um in jedem Moment a tempo bald für den Fernverkehr, bald für den Nahverkehr zur Disposition sein zu können.

Fünftes Kapitel.

Praktische Resultate in der Abstimmung.

Die Ergebnisse der eingehenden Untersuchungen auf den Ostseestationen bestätigten in allen Stücken die

Theorie. War die Kopplung im Sender und Empfänger fest, so war der einfache Betrieb tadellos, aber eine scharfe Abstimmung illusorisch; nur bei einer großen Abweichung in der Wellenlänge konnte durch eine dritte Station keine Störung mehr bewirkt werden.

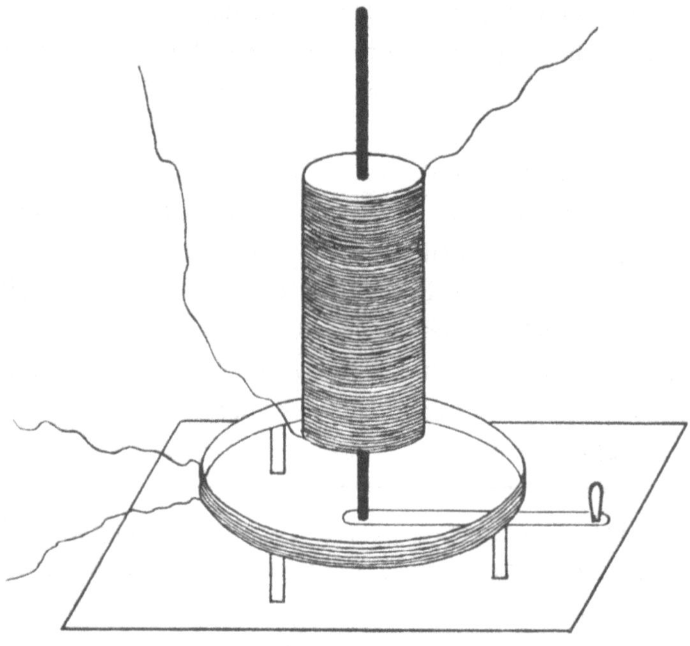

Fig. 80. Lose Kopplung zwischen den Schwingungskreisen im Empfänger.

War beiderseitig die Kopplung lose, so war mit Dispositionen, wie sie den diskutierten theoretischen Anordnungen entsprachen, ein sicherer Betrieb unmöglich.

Dennoch fanden wir einen Ausweg, um unter Benutzung von vorherrschender Kopplung im Sender, die aber nichts weniger als absolut fest war, eine schon sehr scharfe Mehrfachtelegraphie herbeizuführen. Als Leitmotiv diente die Vorstellung, welche man sich von der Wirkung der Empfangs-Schwingungskreise macht, nur daß jetzt auch alle stillschweigend gemachten Prämissen wirklich erfüllt wurden.

Wir berichteten bereits von der Änderung im sekundären Empfangssystem, welches durch Parallelschaltung eines regulierbaren Luftkondensators zu einem selbständigen ungedämpften Schwingungskreis umgewandelt wurde. In zweiter Linie wurde die Kopplung immer loser gemacht, so daß schließlich eine ganz lose Kopplung bestand, wie es Figur 80 erkennen läßt (vergl. Seite 135). Die sekundäre enge Spule war sowohl vertikal wie horizontal im Kreise verstellbar, so daß jeder Grad von Kopplung erzielt werden konnte. Die primäre Spule bestand aus sechs Windungen Einmillimeter-Kupferdraht (2,5 Millimeter mit der Guttaperchaisolation), die sekundäre Spule aus fünfzig Windungen desselben Drahtes.

Die primäre Selbstinduktion wurde berechnet nach der Formel von STEFAN,[1] welche DRUDE[2] einer für die schnell wechselnden Ströme der elektrischen Wellentelegraphie erforderlichen Korrektur unterzogen hat. Die Formel lautet dann:

$$L_{pr.} = 4\pi r n^2 \left[\left(1 + \frac{h^2}{32 r^2}\right) \log. \text{nat.} \frac{8r}{\sqrt{h^2 + \delta^2}} - y_1 + \frac{h^2}{16 r^2} y_2\right] + \log. \text{nat.} \frac{g}{\delta} - \Delta.$$

[1] J. STEFAN: WIEDEM. Ann. Bd. 22, S. 107, 1884.

[2] P. DRUDE: Annalen der Physik Bd. 9, S. 604, 1902.

Es bedeutet: n Windungszahl,
r Radius der Spule,
h Höhe der Spule ($h = (n - 1)\,g$),
g Ganghöhe der Spule,
δ Dicke des nackten Drahtes.

Für y_1 und y_2 sind die Werte aus den STEFANschen Tabellen, für Δ die Werte aus der DRUDEschen Tabelle zu entnehmen.

Die sekundäre Selbstinduktion wurde berechnet nach der Formel von DRUDE[1]

$$L_{sek.} = \frac{l^2}{h}$$

wo $l = 2r\pi n$ ist und die vorstehenden Bezeichnungen gelten.

Unsere Aufmerksankeit richtete sich dann bei benutzter loser Kopplung auf Ermittlung der besten Werte von C und L im primären und sekundären Schwingungskreis und es ergab sich, wie vorauszusehen, primär große Kapazität und kleine Selbstinduktion, sekundär die umgekehrte Verteilung als am besten.

Ein sehr wichtiges Moment, das nun zu berücksichtigen war, bildete die Art der Kopplung des primären Kreises mit den Ansätzen. Nach vorstehenden Ausführungen ist es klar, daß auch diese Kopplung jetzt eine lose sein muß und dieser Bedingung wurde schließlich vollständig genügt durch folgende Schaltung (Figur 81). Auf diese Weise konnten wir jeden Grad von Kopplung erzielen,

[1] P. DRUDE a. a. O. S. 324.

denn mit wachsendem C_2 wird jetzt die Kopplung immer loser, anderseits kann trotzdem jeder erforderliche Wert einer benötigten Gesamtkapazität C, die sich bestimmt aus

$$\frac{1}{C} = \frac{1}{C_1} + \frac{1}{C_2}$$

durch gleichzeitige Veränderung von C_1 hergestellt werden.

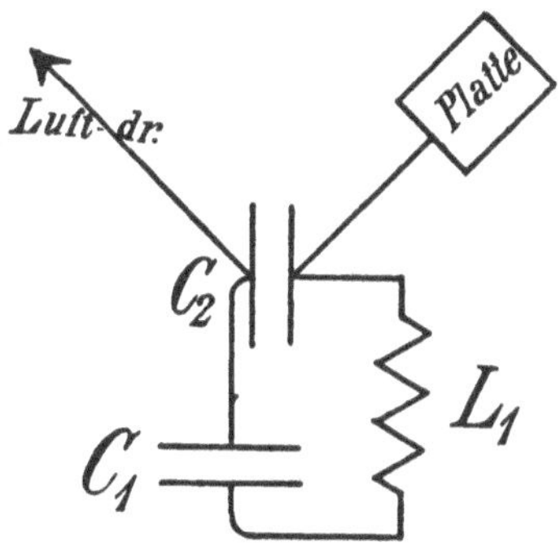

Fig. 81. Schaltung zur Regulierung des Grades der Kopplung zwischen Ansätzen und primärem Schwingungskreis.

Wie vorauszusehen, wirkten die Ansätze wie eine zusätzliche Kapazität, so daß nach der Einstellung des primären Kreises die Schwingung vertieft erschien. Ferner durfte diese Einstellung des Kondensators noch bis zu zehn Prozent derselben nach oben oder unten variiert werden, ohne daß der Betrieb ganz aufhörte, was wegen des dämpfenden Einflusses der Ansätze ebenfalls erklärlich ist; trotzdem konnte aber mit großer Genauigkeit eine günstigste Einstellung leicht gefunden werden, welche mit der aus der wirksamen

Wellenlänge berechneten Einstellung (unter Berücksichtigung der vertiefenden Wirkung der Ansätze) koinzidierte. Spätere bezügliche Kontrollversuche (vergleiche Seite 141) mit Hilfe des Mikrophon-Telephonempfängers ergaben ebenfalls vollständige Bestätigung.

Von diesen Unsicherheiten vollständig frei erwies sich nun aber der sekundäre Kreis. Hier war nicht nur eine scharfe Einstellung möglich, sondern absolut notwendig, denn schon eine Veränderung um Bruchteile eines Prozentes derselben ließen die Zeichen sofort zum Verschwinden bringen.

Eine kleine Korrektion (vergleiche Seite 144) war wegen des parallel liegenden Kohärers vorzunehmen, dessen im unerregten Zustande kleine Kapazität unter diesen Umständen zum ersten Male ermittelt werden konnte; dann erwies sich aber die korrigierte Einstellung als in absoluter Übereinstimmung mit der als wirksam festgestellten Wellenlänge.

Wie wir dann diese günstigen Ergebnisse zu einer absolut sicheren Mehrfachtelegraphie benutzten, habe ich an anderer Stelle dieses Buches (vergleiche Seite 145 u. ff.) ausführlich dargelegt. In Figur 82 ist nochmals das Schema der bezüglichen Schaltung wiedergegeben. Die Ansätze (Luftdraht-Gegenkapazität) sind also direkt aber lose mit den primären Schwingungskreisen gekoppelt und letztere stehen in ganz loser elektromagnetischer Kopplung zu den sekundären Kreisen, welche parallel zu dem Kohärer die regulierbaren Luftkondensatoren enthalten, wodurch sie zu abstimmbare ungedämpfte Schwingungssysteme ausgebildet sind. Die Schwingungssysteme links nahmen die Zeichen auf von einer wirksamen Welle λ = circa 350 Meter, die Schwingungssysteme rechts von einer wirksamen Welle λ = circa 310 Meter (Gegenstation in Gr. Möllen circa 170 Kilometer). Die Möglichkeit der gleichzeitigen Aufnahme

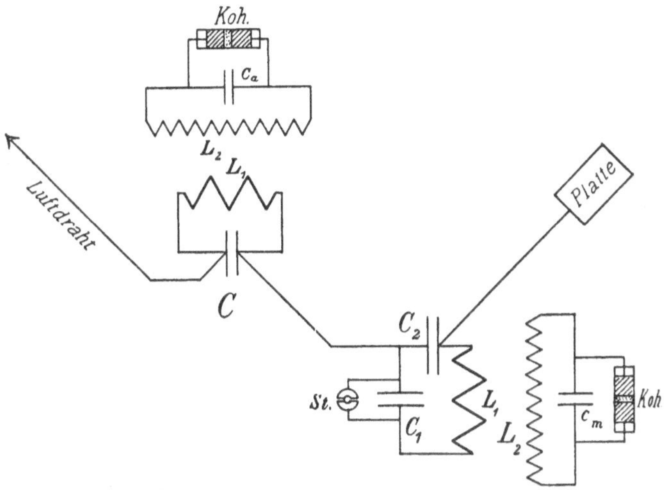

Fig. 82. Schaltung für Mehrfachtelegraphie.

der Telegramme begann bei einer Entfernung der bewegten Station (S. M. S. „Nymphe") von circa 10 Kilometer und bei 15 Kilometer war die Selektion eine absolut vollständige.

Nach der Art und Weise wie die Anordnungen den gestellten (vergl. Seite 147 u. ff.) rigorosen Bedingungen genügten, hätte, wie früher schon bemerkt, bei weiter reduzierter Entfernungsdifferenz die Abweichung zwischen den wirksamen Wellenlängen ohne Zweifel noch eine erheblich kleinere sein dürfen.

Die Überlegenheit dieser Dispositionen gegen die diskutierten und zum Vergleich auch praktisch probierten theoretischen Anordnungen, Fig. 79, trat eklatant zutage; dies ist in doppeltem Sinne zu verstehen nämlich sowohl bezüglich Selektionsfähigkeit wie auch Betriebssicherheit, und solche Vorteile verdankt man schon blos der Einführung eines schwach gedämpften und daher resonanzfähigen Empfängers!

Es bilden diese Dispositionen aber dennoch nur ein brauchbares Übergangsstadium zu der ganz losen Kopplung im Sender und Empfänger, welche das Ideal der selektiven drahtlosen Telegraphie bleibt, dem man mit ernstem Willen ein gutes Stück näher kommen könnte als es heute der Fall ist.

In letzter Hinsicht wird man darauf bedacht sein müssen, nach andrer Methode als es jetzt üblich ist, elektrische Schwingungen genügender Frequenz so zu erzeugen, daß ein nach Belieben anhaltender elektrischer Ton wirksam wäre anstatt der von unverhältnismäßig langen Pausen unterbrochenen gedämpften Wellenzüge. Aber selbst wenn der Sender auch nur annähernd auf die gleiche Stufe gebracht würde, auf der schon jetzt der beschriebene Empfänger mit loser Kopplung steht, so würde sich schon ein tausendfach größeres Gebiet für die praktische Anwendung erschließen als dasjenige ist, auf dem heute die drahtlose Telegraphie sich bereits unentbehrlich gemacht hat.

Nach Abschluß dieser letzten Abhandlung macht mich Herr Professor M. WIEN, der die große Liebenswürdigkeit hatte, dieselbe durchzusehen, auf die letzte bezügliche Arbeit von Herrn Professor DRUDE[1] und seine Erwiderung[2] auf dieselbe aufmerksam.

DRUDE kommt u. a. zu dem Schluß: „Verwendet man einen schwach gekoppelten Empfänger und einen stark gekoppelten Sender, so tritt keine deutliche Resonanz auf. Erst bei sehr starker Kopplung ($k^2 > 0,6$) kann man den Empfänger auf den Sender abstimmen."

Bei dieser sehr engen Kopplung würden eine stärker gedämpfte höhere und schwächer gedämpfte tiefere freie Schwingung auftreten; letztere soll zur Erzielung resonanzfähiger Wellen um so mehr dienlich sein, da nur schnell verschwindende Schwebungen auftreten können.

WIEN hält diesen theoretischen Folgerungen seine Argumentationen entgegen, welche in vorstehenden Ausführungen über vorherrschende Kopplung enthalten sind.

Die Sender-Dispositionen auf den Ostseestationen waren jedenfalls nichts weniger als ganz eng gekoppelt, denn wir hatten $k^2 =$ circa 0,1 (vergl. Seite 226). Immerhin war die Kopplung vorherrschend, so dass die experimentell erzielte Schärfe der Resonanz doch nicht zu erwarten gewesen wäre. — Solche Fragen haben aber vorwiegend theoretisches Interesse. Ist man vor die Aufgabe gestellt, die denkbar schärfste Abstim-

[1] P. DRUDE, Annalen der Physik Bd. 13, S. 512, 1904.

[2] M. WIEN, Annalen der Physik Bd. 14, S. 626, 1904.

mung auszubilden, so wird die bereits erreichte Selektionsfähigkeit durch vorstehend geschilderte Methode doch noch nicht genügen, sondern es bleibt dann eben nichts anderes übrig, als unter Verzicht auf Intensität ganz lose Kopplung im Sender und Empfänger anzuwenden.

Bei dem heutigen Modus der Erzeugung elektrischer Wellen gibt man am besten die bestimmte Parole aus:

Maximale Entfernungen — Enge Kopplung.
Maximale Selektionsfähigkeit — Lose Kopplung im Sender **und** Empfänger.

Dann operiert man auf übersehbaren und vollständig geebneten Gebieten.

Drude kommt übrigens noch für den Fall loser Kopplung zu dem interessanten Ergebnis, daß der Empfänger dann am besten einen auf Integraleffekt reagierenden Indikator enthalte, so daß der Kohärer (vergl. Seite 209) für diesen Zweck nicht als das geeignetste Instrument erscheint.

Druck von Fischer & Wittig in Leipzig.

Zeitfracht Medien GmbH
Ferdinand-Jühlke-Straße 7
99095 Erfurt, Deutschland
produktsicherheit@kolibri360.de